澳门烧肉

白切鸡

茶香鸡

豉油凤爪

脆皮梅菜烧鹅

脆皮烧鸭

大红脆皮鸡

东江盐焗鸡

冻墨鱼片

佛山汾蹄

桂花扎

化皮乳猪

金龙化皮乳猪

凉拌海蜇

凉拌皮蛋青瓜

卤水大肠

卤水鹅头

卤水鹅掌翼

卤水鸭胸

卤水金钱肚

卤水拼盘

卤水五花肉

卤水鸭翅

卤水鸭掌

鱼皮花生

卤水猪脷

卤味拼盘

麻辣牛肉

蜜汁叉烧

沙姜鸡

烧烤拼盘

烧卤拼盘

手撕盐焗鸡

常用工具

炭烤炉
煤气烤炉
不锈钢、生铁炉胆
不锈钢桶
叉烧针连环
（叉烧环）
（长）
烧腊钩
（短）
雪柜
明炉
叉烧针
鹅尾针
微波炉
猪皮插
S形钩
长钩
刷子
加厚锅
琵琶叉
丁字钩
人字钩
乳猪针
罐头切
火钳
酱油壶（麻油壶）
剪刀

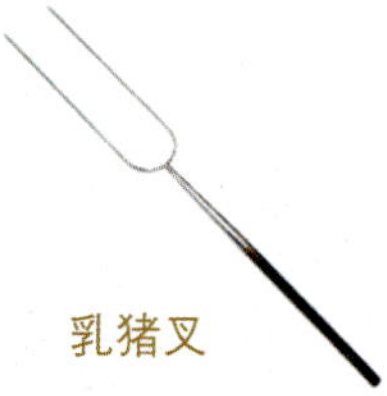
乳猪叉

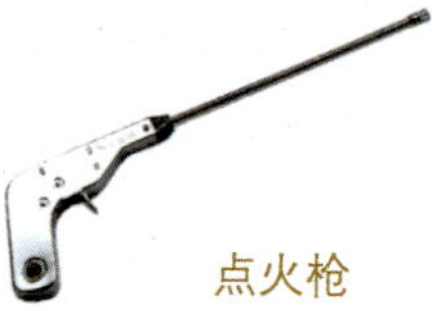
点火枪

煤气喷枪

手套

糖皮水箱

汤勺

水勺

不锈钢油隔

不锈钢笊篱

气泵

浅长方盒

浅正方盒

汤料袋

砧板围

砧板

片刀

骨刀

片皮刀

桑刀

烧腊刀

磨刀石正面、反面

台秤

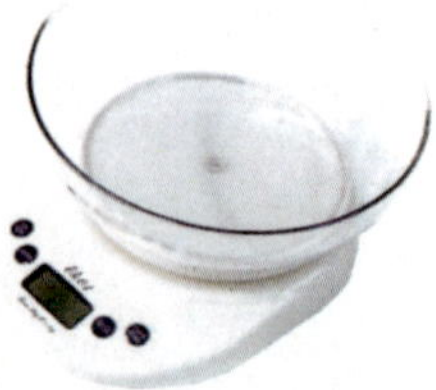
克秤

常用香料

黑胡椒

蛤蚧

白胡椒

香叶

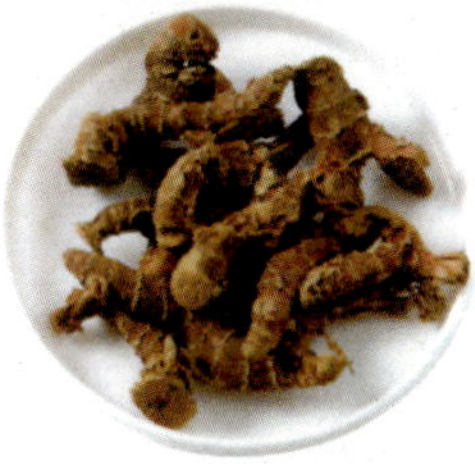
良姜

草果

玉果

陈皮

砂仁

木香

白蔻

孜然

砂姜

肉桂

肉蔻

桂皮

红蔻

公丁香

花椒

香茅

灵香草

草蔻

荜茇

南姜

甘草

罗汉果

母丁香

小茴香

八角

现代餐饮职业技术教育教材

现代烧腊制作技术

主编　邓宇兵
参编　巫炬华
主审　司徒营

机 械 工 业 出 版 社

本书主要讲解当今粤港经典、流行的烧烤、卤味、熏焗、凉菜、广式腊味品种的概念、原理、酱汁配方、制作技术、工用具使用等内容。每个品种以“原料组成→制作工艺流程→制作方法→成品特点→制作要点”为主导框架，让读者阅读后从不懂到理解，理解后能动手，动手后会创新。

本书以实用、易学为宗旨，适合大中专院校烹饪专业学生、烧腊技术培训机构使用，也可作为有意进行烧腊创业的朋友以及家庭烹饪爱好者的参考书。

图书在版编目（CIP）数据

现代烧腊制作技术/邓宇兵主编. —北京：机械工业出版社，2015. 9（2025. 7重印）

现代餐饮职业技术教育教材

ISBN 978-7-111-50796-3

Ⅰ. ①现…　Ⅱ. ①邓…　Ⅲ. ①菜谱—中国—技术教育—教材　Ⅳ. ①TS972.182

中国版本图书馆CIP数据核字（2015）第184598号

机械工业出版社（北京市百万庄大街22号　邮政编码100037）
策划编辑：郎　峰　责任编辑：郎　峰
版式设计：赵颖喆　责任校对：姚丛蓉
封面设计：马精明　责任印制：李　昂
北京中科印刷有限公司印刷
2025年7月第1版第9次印刷
184mm × 260mm · 11.25印张 · 4插页 · 196千字
标准书号：ISBN 978-7-111-50796-3
定价：39.80元

电话服务　　网络服务
客服电话：010-88361066　机　工　官　网：www.cmpbook.com
010-88379833　机　工　官　博：weibo.com/cmp1952
010-68326294　金　书　网：www.golden-book.com

机工教育服务网：www.cmpedu.com

前言

粤港烧腊中外驰名，在餐饮市场占有举足轻重的地位。然而，由于历史的原因，烧腊技术一直沿袭着祖传、不外传的“游戏规则”，被披上了一层神秘的面纱。目前，此类书籍在市场上，甚至在图书馆都非常罕见，使广大烧腊从业人员或爱好者求知无门。目前的烹饪学校或烧腊技术培训机构还没有完整的专业教材，大多是简单的内部资料，存在一定的随意性和局限性。

本书主要介绍当今粤港经典、流行的烧烤、卤味、熏焗、凉菜、广式腊味品种的概念、原理、酱汁配方、制作技术、工用具使用等。有部分品种的讲解还引用了历史典故，增加了阅读的趣味性。本书严格遵循教学规律，以理论指导实践，从简单到复杂，深入浅出，分门别类，有步骤、有条理地进行编写。每个品种以“原料组成→制作工艺流程→制作方法→成品特点→制作要点”为主导框架，详细、具体地进行描述。让读者阅读后从不懂到理解，理解后能动手，动手后会创新。本书以实用、易学为宗旨，非常适合大中专院校烹饪专业学生、烧腊技术培训机构或有意进行烧腊创业的朋友参考使用，也可作为家庭烹饪爱好者的参考书。

本书由广东十大名厨司徒营主审，邓宇兵主编及统稿，巫炬华负责第一章和第六章内容的编写工作。本书在编写过程中得到粤港餐饮行业大师们及广东省贸易职业技术学校领导和同事们的大力支持，在此表示感谢！

由于编者水平有限，加之编写时间紧迫，疏漏之处在所难免，热切希望广大读者批评指正。

编　者

目录 Contents

第一章 烧腊基础知识

第一节 烧腊概述

一、烧、腊、卤、熏的前世今生

烧烤的历史可以追溯到旧石器时代的原始社会。传说一场天火吓跑了所有的动物，先民们饥饿难忍，于是斗胆捡起了地上被大火烧死的动物尸体大嚼起来，却惊喜地发现熟食远比生食美味得多！从此人们学会了用火将食物烤熟了来吃，也就是今天我们所说的“烧烤”，只不过那时候的烧烤颇为原始、简单，而且没有任何酱料调味罢了。

可以说烧烤是中国烹饪的开山祖，因此它在饮食史上占有特殊的地位，并且经久不衰。

早在殷商时期，《帝王世纪》载：“纣宫九市，车行酒，马行炙。”说明殷商宫室的膳食主要是各种肉类制成的烧烤食品。到了周代，“炙”和“脍”同是当时祭祀的珍贵食品，著名的“八珍”就有多款烧烤制品。

秦汉以后，烧烤之风更加盛行。汉高祖朝夕以烧鹿肝和烧牛肝下酒，仕宦豪富也多以烧烤食品作为日常膳馔。烧烤这一烹调方法也因此逐渐达到相当高的水平。

南北朝时期的贾思勰在《齐民要术》中写道：“炙豚法：用乳下豚”“小开腹，去五脏”“以茅茹腹令满，柞木穿，缓火遥炙，急转勿住，清酒数涂以发色。取新猪膏极白净者，涂拭勿住”。这样烧出来的乳猪，“色同琥珀，又类真金，入口则消，状若凌雪，含浆膏润，特异凡常也。”

到了隋唐，烧烤技术又得到进一步的发展，烹调方法已发展到多种多样。《隋书·王劭传》：“今炙肉用石炭、柴火、竹米、草火、麻荄火，气味不同。以此推之，新火、旧火理应有异。”燃料的质地不同，散发出来的气味自然就有所差异，对烧烤已有如此的研究，当时的烧烤水平由此可知。唐代的烧烤已发展到使用防腐技术。《杜阳杂编》有“消灵炙”，又说“一羊之肉，取之四两，虽经暑毒，终不败臭。”

到宋代，各大城市的饮食市场空前活跃，烧烤成为市肆的主角。

清代，盛极一时的“满汉全席”上，烧乳猪和烧鸭被列为“双烤”而成为第二次摆台的首菜，地位显赫。随着“满汉全席”的盛行，“双烤”曾传遍大江南北，享誉各地。

腊味是中国民间喜爱的传统食品之一，也是人们相互馈赠的佳品，在中国也有悠久的历史。相传在夏朝时，人们于农历十二月合祭众神叫作腊，因而十二月叫腊月。腊肉，就是在冬天将肉类以盐渍经风干或熏干制成而得名。早在周朝的《周礼》《周易》中已有关于“肉脯”和“腊味”的记载。当时，朝廷有专管臣民纳贡肉脯的机构和官吏。在民间，学生也用成束干肉赠给老师作为学费或聘礼，这种干肉称为“束脩”。

《齐民要术》中记载腊味的品种较多，有牛、羊、獐、鹿、野猪、家猪等，并说明以正月、二月、九月、十月为佳。至清代，腊味食品逐渐增多而更具特色。

“卤”源自秦朝。此外，《齐民要术》中还记载有“奥肉法”，其制法和现在的卤肉制法相似。如照此推算，卤制法在中国的历史也有两千多年了。

熏制食品的历史相对于烧、腊、卤的历史要稍短一些，但同样是中国古代劳动人民智慧的结晶。其最初的目的是利用熏烟杀菌使食物得以长期保存，但后来，人们逐渐喜欢上了烟熏食品那种独特的味道，于是，熏制食品的方法也一直流传了下来。

烧、腊、卤、熏食品发展到今天，同古代相比，基本方法没有大的变化，只是其延伸而已，但在用具、用料、品种上已有显而易见的变化。

首先是食物品种多样化。肉、鱼、蔬、果，应有尽有，这在卤制食品中最能体现出来，如卤猪肠、卤猪舌、卤鱼丸、卤空心菜、卤白菜、卤面饼、卤青瓜……

其次，工具多样化、现代化和实用化。除了沿袭古法，在敞口的炭炉或火盆上放铁架（铁网），将原料用烧叉穿好，搁在上面反复烧外，还出现了以煤气、电等为能源的烤炉，而且炉具制作材料也更加高级，由铁制改成不锈钢。这种烤炉虽然不能直接拿着烧叉进行原料控制，但可根据原料的质地和大小，按烤炉的能力确定火力、时间等。相对明火烧烤来说，更加环保和安全。

再就是酱料的多样化。古人虽也明白酱料的重要性，多渠道地加以创新，但与今天相比，仍有很大的差距。今人在古人制作酱料的技法上不断加以创新，将各种药材、香料、配料灵活搭配，制作出一款款色、香、味、形俱佳的菜肴。

二、广式烧腊的历史进程

粤菜素有“北菜南渐、古为今用、洋为中用”的特点，而它拥有的“烧烤”的主体品种也大多源于清代时的“北方”。这里的“北方”主要是指广东的北面，包括北京和南京等地区。粤菜的烧烤分为“躺炉烧”和“挂炉烧”两种做法：前者最著名的是“烧乳猪”，源于清代时的“满汉全席”；后者最著名的是“潮莲烧鹅”，源于“金陵烧鸭”或“北京烤鸭”。在清代光绪年间，就有“挂炉烤鸭美而香，却胜烧鹅说古冈（现新会），燕瘦环肥各佳妙，君休偏重便宜坊”的诗句，可见“烧烤”品种在广东源远流长。

粤菜的“烧烤”并没有因它的历史悠久而一成不变。俗话说“工欲善其事，必先利其器”，其中“挂炉烧”的炉具，就随着时代的进步而发展变化：初时是用大酒缸在底部开口安上炭炉，由于瓦器保温，成熟均匀，故较为香口，只可惜占地面积较大且不利清洗。于是在20世纪80年代初期，便改成了不锈钢材料作缸，同样用炭烧。随着80年代末煤气进入普通大众家庭，又淘汰炭火改用煤气。所以现在的人往往将第一种做法称为“古法”，并将第一种和第二种做法称为“炭烧”。

在制作工艺上，粤菜“烧烤”同样没有停滞不前。如传统的“烧乳猪”，现在就已改为皮酥起麻的“麻皮乳猪”。这个“麻皮乳猪”的得来还有一段故事：大约在20世纪70年代中期，我国香港是没有“烧乳猪”这个品种的。有一次，某富商要举办一个盛大的酒会，点名要“烧乳猪”以助气氛，并要求乳猪不能刺口和不带骨。不带骨易办，因为传统粤菜一直就有工艺成熟的片皮“光皮乳猪”，但可惜只着重赤皮美观，却缺乏酥化。要做到不刺口，的确给我国香港的厨师带来了挑战。于是他们便在回内地学习烧乳猪的同时，对制作配方也进行系统的研究。最后总算弄清楚了，原来在烧烤过程中，麦芽糖起着焦化着色作用，白醋起着脆皮作用，而加入度数高的白酒，则起到了酥化的效果。在这之前，传统的“光皮乳猪”的配方恰恰就缺少了白酒这个成分。据说这次酒会后来办得非常成功，“麻皮乳猪”也就这样诞生了。之后此品种作为“新派粤菜”的一员，亦回流至广州，震荡和冲击着“传统粤菜”。至此，粤菜的烧烤制品开始了全面的和旷日持久的变革，且务求出品尽善尽美：如“烧鸡”改为皮脆持久而香滑的“吊烧鸡”，“五香烧肉”改为入口即化的“化皮烧肉”，“蜜汁叉烧”改为外酥内嫩的“脆皮叉烧”等。

现在粤菜除将“烧烤”制品划分为“躺炉烧”和“挂炉烧”之外，亦可从效果上划分，即有“脆皮烧”“湿汁烧”和“扎酿烧”等。“脆皮烧”指的是禽鸟兽类等去毛留取外皮，涂上麦芽糖、白醋及白酒等开成的糖浆，烤烧成外皮酥脆、色呈金红的食品，如“麻皮乳猪”“脆皮烧鹅”“化皮烧肉（此品虽不用糖浆，但起脆皮亦算入此列）”和“南乳吊烧鸡”等；“湿汁烧”是指肉料改切好后，用调味品腌入味，烤烧成焦香、肉嫩、汁润的食品，如“蜜汁叉烧”“脆皮叉烧”“蜜汁排骨”“炭烧猪颈肉”等；“扎酿烧”是指两种以上物料，经卷扎或镶酿后，用调味品腌入味，烤烧成焦香、肉嫩、汁润的食品，如“香烧桂花扎”“香烧鸭脚包”和“香烧金银肝”等。

三、广式烧腊和港式烧腊的渊源

粤港两地一衣带水，有着很多相同的风土人情。然而，由于我国香港在国际上的经济地位影响，很多食客都崇尚港式烧腊，在一些人的心目中认为港式烧腊比广式烧腊名气要大些，这是主观存在的因素。其实港式烧腊与广式烧腊没有本质上的区别。而港式烧腊也是源于广东，只是在后来的加工工艺上，更注重造型美观，色泽更加好看，所以给人们的印象深刻，让人们感觉它更有地方特色。

我国香港的烧腊在笔者看来，味道上还不及广东本土的烧腊。由于我国香港生鲜肉比较贵，因此烧腊选用冰冻肉，在味道上就大打折扣。同时近年来，我国香港又禁止了木炭在烧烤上的使用，我国香港烧腊只能使用煤气或者电来烧烤，这就使烧腊失去了原有的本质。而广式烧腊在广东地区，在我国香港没有的条件这里都有，保留了烧腊本身的天然味道。其实，港式烧腊与广式烧腊的优劣，主要还是看烧腊师傅的制作水准而定。令人可喜的是，近十几年来，由于粤港经济合作与交流的广泛开展，越来越多的香港大厨到广东各知名餐饮企业工作，使各自的技术水平都得到了较好的提高。

复习思考题

1. 简述中国烧烤史的发展历程。
2. 谈谈烧腊在饮食文化中的影响。
3. 总结广式烧腊的风味特点。

第二节　烧烤的方法与工用具

一、烧烤的方法

1. 深井烧烤

广东烧鹅最著名的是“深井烧鹅”，很多人都以为“深井”是地名，故此不论是广州黄埔长洲岛的深井村还是我国香港的深井村，慕名而来吃烧鹅的人络绎不绝。岂不知所谓“深井”其实是一种特殊的烤炉形式。它是在地上生生挖出来的一口干井，下堆木柴或木炭，井口横着铁枝，烧腊就用钩子挂在这些铁枝上，吊在井中烧烤。由于井是在地里挖的，周围都是密不透风的泥土，在这种深井中烧烤，炉温更加均匀稳定，风味天然，方法独特，因此出品上乘。但因此种方法有场地限制，所以一般在郊外农庄酒家较常用。

2. 挂炉烧烤

食物采用挂炉加热，是利用热力烤焗和红外线辐射热能烤炙的原理。当烤炉底部加热，热力上升，热气积存于炉内，使食物渐渐吸热至熟。

此种方法可以容纳更多的食物在同一时间内受热至熟，节省燃料、时间和人力，提高工作效率，大大降低企业生产成本，而且操作起来方便卫生，因此是近代烧烤的一大突破。

由于生产技术的不断创新，又出现了在烤炉上安装温度计、计时器、旋转盘和耐火玻璃观察门等功能。

1）按制作材料来分，有铁制烤炉、不锈钢制烤炉和砖砌固体烤炉 3 种。

2）按加热燃料来分，有木炭加热烤炉、煤气加热烤炉、木炭煤气两用烤炉和电力加热烤炉 4 种。

3）按制作规格来分，有转炉、长方炉、立式炉和卧式炉 4 种。

3. 瓦缸烧烤

以江西瓦缸煨汤为灵感，用焦炭为燃料，利用辐射热能进行炙烤，火力分散均匀，聚热保温效果好，而且接近自然，风味独特，主要用于制作滋补汤水。

4. 风味烧烤

风味烧烤是指将鱼肉类或蔬菜串起放在铁架上，以炭火或高温炉具通过适度的高温，使材料表面焦脆呈金黄色，令香味包含其中，制成带有独特焦香味的料理。风味烧烤以制作简单、随意、无拘无束而深受广大青年朋友交友聚会之用。风味烧烤可分为直火烧烤和间火烧烤两种。

直火烧烤是将食物置于火上直接烧烤的方式，有以下六种形态：

（1）素烧　食物无须调味，直接在火上烧烤，以鱼类为多，除可保留原味外，更有去腥的功效。

（2）盐烧　以盐抹遍食材全身再烧烤即可，适于烧烤鱼类及海鲜。

（3）味噌烧　一面烧烤一面涂上盐与酱油，再涂上味噌来增添风味，其中以鱼、豆腐和白萝卜更能突显其风味醇厚、独特。

（4）蒲烧　在烧烤长条形鱼类时，把鱼腹剖开后，以竹条横穿过鱼片，因乍看之下很像蒲叶而得名，以蒲烧鳗（烤鳗鱼）最为出名。

（5）照烧　一面烤一面刷涂浓调味汁，反复进行至食材熟透，较常用于脂肪较厚的鱼肉类。

（6）云丹烧　将蛋黄与海胆酱拌匀，边烤边将酱汁均匀涂抹于鲍鱼、虾类等海产类食材上，如此烤出的食材可呈现亮丽的明黄色，相当诱人。

间火烧烤常见的形态有：包烧、串烧、铁锅烧、铁板烧、壳烧、壶烧、岩烧、网烧等。

二、烧烤的工用具

俗语有曰："工欲善其事，必先利其器。"烧腊加工厂的设备不多，投资较小，因此颇受广大饮食行业投资者喜爱。虽然大件的设备不多，但小件的工用具非常多，而且非常琐碎，如果平时没有将这些工用具分门别类整理好，摆放得杂乱无章的话，那将是"待到用时方苦恼"。因此，下面以烧腊加工厂各岗位为类别来介绍各种工用具。

1. 烧卤初加工间

（1）**乳猪叉** 用于烧乳猪，现多将用不锈钢制造、形似"U"形的乳猪叉用于挂炉；将有手柄，手柄一半是木柄以防止烫手的乳猪叉用于明炉。其有3种规格，即茶猪叉、席猪叉和奶猪叉。

（2）**木撑** 用于挂乳猪，用木板制造。有一长两短的规格，长木撑长约40cm，短木撑长约13cm（要视乳猪的实际大小来裁定），两者皆宽约3cm。此用具为损耗品，应稍配备若干副，以备忙时之用。

（3）**乳猪架** 用于挂乳猪，用钢铁制造，可以代替传统的木撑，而且方便快捷。

（4）**细铁线（17号）** 用于捆绑乳猪手脚。

（5）**胶钳** 用于绑细铁线。

（6）**烧鸭环** 用于烧鸭、烧鹅等，两边钩勾较长，多以不锈钢制造。

（7）**烧鸡环** 吊烧鸡之用，两边钩勾较短，用途较广，多以不锈钢制造。

（8）**叉烧针** 成"一"字形，一头尖，长约40cm。可用于穿叉烧、烧鸡翅、烧鸭下巴、桂花扎等，也可用作穿烧肉和烧乳猪时打泡。

（9）**叉烧针连环** 用于穿叉烧，呈"T"字形，可以固定叉烧的平衡，但操作较为麻烦，现多用叉烧针代替。

（10）**鸭/鹅尾针** 用于缝烧鸭、烧鹅、烧鸡等膛口。一头呈圆环，另一头尖，长有15cm和20cm两种。

（11）**琵琶鸭环** 形似挂炉乳猪叉，但无木柄，规格也偏小，专用于烤琵琶鸭或琵琶鸡。

（12）**S字钩** 又叫鸡钩，呈"S"字形，用于熟食岗吊架挂白切鸡、豉油鸡等较小件成品。

（13）**人字钩** 呈"人"字形，用于熟食岗吊架挂乳猪、叉烧、烧肉等。

（14）**木柄长手钩** 烤挂炉品种时，可从窗口处伸入，钩住原料使其转动，但切忌钩穿皮肉。

（15）**九江刀（2号）** 用于开乳猪（光乳猪）。

（16）**桑刀（2号）** 用于开肉条、切肉。

（17）**磨刀石** 分粗磨刀石和油磨刀石，用于开锋和磨刀。

（18）**刀箱** 用于放刀，一般有四格和六格。

（19）**麦芽糖箱（连架）** 用于盛放蜜汁。

（20）**油刷** 用于扫糖皮水。

（21）**连盖汤桶** 用于装酱汁。如同时用多个则需做好记号，以免混淆。

（22）**连盖水桶** 用于装脆皮水、叉烧盐等。如同时用多个则需做好记号，以免混淆。

（23）**不锈钢盆** 用于拌、腌叉烧等。

（24）**不锈钢托盆** 用于盛载卤好、烤好的肉料或浸好的鸡等成品。

（25）**铝箔锡纸** 用于烧肉、叉烧等挡火，防止烧焦；也可用于盐焗制品中包裹原料。

（26）**煤气喷枪** 用于烧宰好的鸡、鸭、鹅和猪脚幼毛，或在烧烤品种某部位未够色时作补救用。

（27）**充气泵** 有电动和手动两种，用于烧鸭、烧鹅打气。

（28）**四门雪柜** 可分别用于冷藏生料、半成品、熟料。

（29）**三门雪柜** 挂打好的乳猪、挂洗净的烧鹅，用于肉料冷藏保管。

（30）**单星砧板台** 可以放一张砧板并配一个洗物池。

（31）**砧板** 直径为45cm，高为15～20cm，初加工间专用，用于斩、切生料。

（32）**长方形胶箩箕（菜筐）** 装洗净晾水的生料，方便存放于冰柜。

（33）**打荷台** 台上摆放砧板，台下存放其他工用具。

（34）**台秤** 用于调配味料或计算出品成率。有港秤和市秤之分，港秤1斤等于市秤16两。

（35）**克秤** 用于称量质量较轻的量，一般用于配制配料时药材、香料及调味料的称量。

（36）**味料盒** 有六小格，用于盛装各种调味料。

（37）**保鲜胶盒** 用于在冰柜里存放半成品或成品。

（38）保鲜胶箱　存放制作好的成品，特别是带汁水的成品，如卤水凤爪、熏蹄、茶皇猪手等。如同时用多个则需做好记号，以免混淆。

（39）针锤　有木柄，带针刺，用于烧火腩打针和烧大猪松针。

（40）榨汁机　绞出蔬菜瓜果汁水。

（41）漏斗　用于灌制腊肠或过滤汤汁。

（42）罐头刀　用于开罐头之用。

（43）储物柜　用来存放未用的调味品、香料、药材等。

2. 烧卤制作间

（1）明炉　用于烧烤，有烧木炭和烧煤气两种，全长约160cm，宽约80cm，高约50cm，内砌耐火砖。

（2）乳猪针　烤乳猪时用于刺穿气泡。

（3）片刀（2号）　用于烤乳猪时刮烧焦部分。

（4）烧烤炉　也叫挂炉，有铁制和不锈钢制，分烧木炭或烧煤气两种，炉的规格也有多种，要视场地的面积而定。用于烧鸡、烧鸭、烧鹅、烧叉烧等。

（5）炉胆　放在烧烤炉的里面，用于盛装木炭及生火。通过炉胆下的风门可控制火候。分不锈钢和生铁两种，大小跟烤炉相应配套。

（6）铁火钳　长约70cm，用于夹木炭生火。

（7）木炭　用于烧烤。

（8）固体酒精蜡　用于木炭生火。

（9）短手钩　用于提取烤炉热物出炉，呈“丁”字形，所以又称“丁字钩”。上面是木柄，以避免人手直接接触而烫伤。

（10）不锈钢汤桶　有35cm×35cm、45cm×45cm、50cm×50cm等规格，用于煲水、煲汤和浸卤之用。

（11）双头平头炉　也叫“矮仔炉”，高度较低，主要是方便熬制大量的卤水、煨肉料、炸色和拉油之用。

（12）加厚铁锅　用于炸制、炒制原料。

（13）不锈钢密篱　用于过滤细小食材。

（14）笊篱　用于过滤或捞起食材。

（15）锅铲　用于炒盐、炒糖等。

（16）炒勺　盛水、油用具，有300g、500g或600g等规格。

（17）水勺　用于舀卤水、汤水。

（18）锅扫　用于洗锅、清洁卫生。

（19）油盆　盛油。

（20）不锈钢托盘　有方形、圆形和六边形等形状，用于盛载成品。

（21）胶手套　原料烫水时抓物。

（22）防火手套　配合短手钩，取烤炉里面热料时使用。

（23）油扫　也叫排扫，用于扫脆皮糖浆和扫油。

（24）剪刀　用于剪肠脏、剪去烧烤品种上的焦丁。

（25）煲汤袋　配制卤水时，将药材、香料等装入煲汤袋，防止物渣外泄，并且方便捞起。

3. 凉菜间（明档、低柜）

（1）平台雪柜　有两门，上面可摆放熟食砧板，用于斩料；里面可用于冷藏熟食。

（2）立式玻璃门低温雪柜　存放冷盘、餐前小吃，以保持鲜度，也有展示的效果。

（3）大暖柜　用于整只乳猪及拼盘等的保温。

（4）砧板　直径为45cm，高为15～20cm，明档专用（斩生料和斩熟料的砧板要分开）。斩熟食原料的砧板要保持干爽洁净，若不干净则容易造成食品交差感染而导致食物中毒。

（5）砧板围　25cm×40cm，半圆形，高约50cm，宽度视砧板大小而定，不锈钢制造，用于防止斩料时油汁四溅而弄脏周围环境。

（6）砧板腰斗　半圆形，宽约10cm，长约15cm，高度比配备的砧板略低即可，不锈钢制造，用于盛装斩料余骨、余汁等废料。

（7）不锈钢片刀（2号）　用于切片熟食。

（8）桑刀　用于切片、丝、条等细小食材。

（9）片皮鸭刀　用于片皮鸭。

（10）剪刀　用于剪生菜包。

（11）空调　调节明挡间空气温度。

（12）微波炉　用于加热冷食或冰肉解冻。

（13）乳猪灯　用于装饰全体乳猪的猪眼，有用电池带电线和用电子不带电线两种，再加上红色车厘子上台可增加气氛。

（14）乳猪盒　用于装送礼全体乳猪。

（15）**电汁炉**　用于加热酱汁蘸料，有温度调节功能，规格有四格和六格等。

（16）**不锈钢味盅**　用于装调味料、酱汁。如同时用多个则需做好记号，以免混淆。

（17）**麻油壶**　用于装麻油、香油、酱油等。如同时用多个则需做好记号，以免混淆。

（18）**胡椒粉壶**　用于装胡椒粉、辣椒粉、炒芝麻等。如同时用多个则需做好记号，以免混淆。

（19）**一次性手套**　制作拌凉菜、小吃用。

（20）**白胶手套**　制作手撕鸡或片皮鸭时使用。

（21）**花底纸**　烧烤或酥炸品种上碟垫底用。

（22）**单插**　插点菜单时用。

（23）**电子秤**　计量售卖的熟食。

（24）**磨刀石**　分粗磨刀石和油磨刀石，用于开锋和磨刀。

（25）**灭蝇灯**　灭杀苍蝇、蚊子等虫物。各岗位通用。

（26）**卫生清洁用品**　包括扫把、拖把、拖把桶、垃圾斗、垃圾桶、洗洁精、抹布、干毛巾、钢丝擦、玻璃刮等。各岗位通用。

4. 吹风房

（1）**空调**　令烧鹅、烧鸭等在风干过程中皮身更干，烧出成品时色泽更加均匀、皮脆持久。

（2）**大功率落地牛角扇**　也用于风干半成品，与空调一起使用风干效果更佳。

（3）**水管架**　呈“Π”形，用于挂风干的半成品。

提示：如果生产工厂有通风透气且安全方便的通道，可以不设吹风房，将半成品挂于梁顶，也可达到风干的效果，但需考虑防虫鼠咬食和防水防盗。

三、烤炉使用的要求

（1）**热能的利用效率**　烤炉所用燃料的放热量与食物实耗热量相称，以便节约能源，降低成本，提高经济效益。

（2）炉体的设计 要求精致完美、操作方便、调温容易，有利于发挥潜力，提高效益。

（3）安全卫生 建炉的场地要根据生产、加工的供应量来确定，烤炉的大小、操作场地的宽窄要适当，要有良好的通风降温设施，以保证工作人员的安全与健康。同时要经常清洗操作所用的设备和工具，打扫环境卫生，清理烤炉烟道，保持室内空气清新，利于操作。

注意：以上所介绍的工用具都是烧腊加工厂需要用到的，品种已达近百种。使用者或投资者应根据自身生产熟食产品种类的实际需要，有针对性和有选择地进行采购添置，避免闲置造成浪费。

复习思考题

1. 简述烧烤的分类及各自特点。
2. 举例介绍粤式烧腊的工用具特点及功能。
3. 试述如何正确使用和保管好烧腊工用具。

第三节 烧腊部门的岗位职责及卫生制度

一、烧腊部门的岗位职责

1. 主管（大佐）

1）负责烧腊部人员的工作考核，从思想上、技术上帮助员工自觉和督导其遵守酒店各项规章制度。

2）负责烧腊部出品供应，保证原料的质量和出品的质量，制订出品和货源的规格并做好检验工作。

3）做好每月物资、领用计划及每月工作计划和总结，安排员工上下班时间、工作岗位。

4）协助行政总厨制订每期烧、卤、浸品种及更新。

5）与楼面密切配合，保证食品正常供应，做好每天的所需出品计划和货源计划。

6）负责监督员工做好烧腊部内部的环境、工具的卫生工作。

7）完成部门经理交代的工作任务并汇报。

8）制订本部门的月度工作计划、总结。

2. 副主管（二位）

1）协助大位做好日常工作，管理熟食间。

2）负责熟食间内工作人员的卫生和考核工作。

3）负责大小酒席、订单食品的斩、切造型上碟，保证出品正常。

4）负责熟食间内食品的保存工作。

5）做好个人卫生以及工作范围内的公共卫生。

3. 烧腊师傅

1）协助大位做好日常工作，管理好出品间（工场）。

2）负责出品间（工场）人员的卫生和考核工作。

3）负责烧烤、卤、浸各类食品及大小酒席、宴会所需的食品。

4）管理好烧腊学徒，指导徒弟做好各类食品原料的清洗、斩劈、宰杀工作。

4. 烧腊学徒

1）服从分配，遵守各项规章制度。

2）每天做好肉品和半成品的清洗、斩、劈、上叉、扫糖等工作。

3）领用各种原料物资、肉类及半成品。

4）做好个人卫生和负责范围内的公共卫生。

二、烧腊部门的卫生制度

凉菜和热菜在制作工艺程序上最大的差别就是：热菜一般是先切配后烹制调味；而凉菜一般是先烹制调味后切配装盘。也就是说，凉菜材料经过刀工处理，经拼接装盘后直接供客人食用，加之凉菜材料在经刀工处理和拼摆过程中，因周围环境的影响以及其自身氧化等因素而极易被污染或腐败变质，一旦疏忽，就会带来某种传染疾病，甚至引起食物中毒等现象，其后果的严重性可想而知。故而，凉菜的制作需要更加严格的卫生控制，更需要符合卫生要求的规范化操作。

1. 环境的卫生要求

由于凉菜在制作工艺程序上有它的特殊性，因此在饮食行业中往往被列为一个相对独立的部门，谓之“熟食间”“冷盘间”或“冷碟房”。这种专门从事冷盘制作的场所应具备无蝇、无鼠、无蟑螂、四壁光亮、窗明几净、无油腻污垢、无灰尘等相对隔绝的条件，以防冷盘菜品受到污染；凉菜间还应具有换气通风设备及恒温设施，以保持环境空气新鲜及控制操作人员的体液排泄，创造无汗的工作环境。环境温度一般控制在10～20℃为宜，防止操作者的汗液通过手而污染冷盘菜品，并一定程度地控制在操作过程中冷盘材料的自氧程度；同时，也是控制冷盘菜品腐败变质的重要措施。

2. 工具及设备的卫生控制

（1）凉菜加工工具的卫生控制 在凉菜的制作方法中，离不开与冷盘材料直接接触的加工工具，如各种刀具（包括夹子、镊子及模具等）、砧板和各类盛器等，这些工具始终都在与凉菜材料直接接触着。因此，这些工具都应该是专用工具，不受其他部门的干扰，并在使用前必须经过严格的杀菌消毒（如高温消毒或消毒液清洗等），而且还要做到生、熟分开加工（即烹饪行业中所谓的“双刀双板”），以确保加工冷盘材料的刀具、砧板等决不加工生料，以防止生料的血渍、黏液或生水等通过工具对冷盘菜品造成污染。

（2）凉菜间设备的卫生控制 凉菜间常用的设备为存放凉菜材料的冰箱、冰柜、货橱以及摆放冷盘材料或冷盘菜品的操作台、货架等。冰箱或冰柜内的温度控制在5～10℃为最宜，这既不会影响所存放冷盘材料的风味特色，同时也能抑制微生物的生长与繁殖。对冰箱或冰柜要每天清理，并定期彻底清洗（每周一次），始终保持其清洁卫生。冰箱或冰柜内所存放的冷盘材料均需用保鲜膜分别密封，以防止凉菜材料在存放过程中受到污染，同时，也防止各种凉菜材料相互“串味”。无论是操作台、货橱或货架，都应使用不锈钢材料制成。一是防止因环境潮湿生锈而污染冷盘菜品；二是便于清除油腻污物，彻底铲除微生物生长繁殖的“根基”。这些设备每天都要清洗，保持其整洁卫生。

3. 凉菜制作方法中的卫生要求

凉菜制作方法中的卫生要求，归纳起来有以下几个方面：

（1）洗手消毒 在凉菜的制作方法中，手与凉菜材料直接接触是难免的。因此，操作人员在进入凉菜间加工操作之前对手的消毒尤为重要，切不可忽视。一般可用3%的高锰酸钾溶液或其他消毒液浸洗，也可用70%的酒精擦洗，确保操作人员的手清洁卫生。

（2）穿工作服、戴工作帽 凉菜间的工作人员在进凉菜间操作前必须穿工作服、工作鞋，戴工作帽和口罩，并严禁他人随便出入凉菜间，以免冷盘菜品或环境受到污染。

（3）凉菜制作的时间与速度的要求　凉菜间的工作人员其凉菜制作工艺技术应娴熟、迅速和准确，尽量缩短冷盘菜品的成形时间。因为冷盘的拼摆时间愈长，菜品遭受污染的可能性就愈大。一般而言，小型单碟冷盘宜在数分钟内完成，即使是相对较复杂的大型“花式冷盘”，亦应在30min之内完成。

（4）冷盘菜品的保鲜要求　所有的冷盘菜品成形后，均应立即加盖（有的冷盘餐具带盖）或用保鲜膜密封放置，直至就餐者就座后由服务生揭去保鲜膜（或盖）供就餐者食用。这样既可以防止冷盘菜品受到污染，同时也可以保持菜品应有的水分，以免冷盘菜品失水而变形、变色，影响菜品应有的风味特色。

（5）凉菜材料隔日使用的卫生要求　在烹饪行业中，凉菜材料的制作往往是相对批量生产的。尤其是采用动物性烹饪原料制作而成的冷盘材料，如“腐乳叉烧肉”“五香酱牛肉”“盐水鸭”等，当日剩余的凉菜材料多是第二天继续使用。但是，对于当日剩余的凉菜材料，当天一定要重新回锅加热，待冷却后加以冷藏保存，并在次日使用前，仍需大锅重新烹制，以免凉菜材料受污染而变质。另外，夏季时的凉菜材料每隔 6h就应再回锅加热烹制一次。这样，才能确保冷盘菜品清洁卫生。当然，在凉菜材料的制作方法中，尽量根据本店的经营状况掌握烹制凉菜材料的数量，使其与当日的销售量基本相符。这样，既能最大限度地保持冷盘应有的风味特色，又确保了每天的凉菜材料新鲜卫生。

（6）凉菜点缀中的卫生要求　在凉菜工艺中点缀是一种装饰方式，通过点缀能使冷盘菜品在色、形等方面更加和谐与完整，一般并不具有食用的直接意义。然而，从卫生的角度而言，点缀的卫生程度与冷盘菜品的质量有着密切的联系，因此，同样不可大意。在凉菜的制作方法中，常选用一些小型的瓜果或蔬菜原料进行点缀。在使用前必须将其清洗干净，并严格消毒，杜绝用生水清洗后直接使用，严禁使用不可生食的瓜果或蔬菜原料（如土豆、南瓜、茄子、四季豆等）进行点缀，以免造成菜品的污染。

4. 操作人员个人的卫生要求

凉菜间的操作人员，要切实注意个人的卫生。要勤洗澡理发，勤换衣服，勤剪指甲等，操作人员严禁佩戴金银等首饰（尤其是手上）直接操作。另外，凉菜间的操作人员还需定期进行身体检查，严格做到持证（健康证）上岗。如果一旦发现患有传染病者，应立即调离，并将冷盘间进行彻底的消毒，待其痊愈后方可回位。

5. 凉菜原料的卫生控制

凉菜原料的选择使用要特别严谨，因为它对冷盘菜品的卫生质量有着举足轻重的影响。据有关资料统计，食物中毒事件中，绝大部分都是由于原料品质质量不符合卫生要求而引起的。对于腐败、变质、发霉、虫蛀以及有异味的原料要杜绝使用，把好原料卫生这一关。对于一些瓜果蔬菜原料，应选用“绿色蔬菜”，严禁使用农药残留量较多的原料。只有这样，才能使冷盘菜品的卫生质量从根本上得到保障。

复习思考题

1. 举例介绍烧腊各岗位的职责。
2. 试述烧腊各岗位之间的协调关系。
3. 为什么烧腊部门应特别讲究卫生？
4. 举例说明如何正确使用凉菜间的工具。

第四节　烧腊加工的基本知识

一、常用香料、调料知识

1. 常用烹饪药材香料介绍

在广东烧腊制作中，使用的各类药材香料较多。追溯历史，在我国中原地区文明发展的时候，在五岭以南的广东，还是瘴气丛生、蛇鼠横行的地区，生活条件非常艰苦。在此地生存的人们，为了能在如此恶劣的条件下保障自身的安全，除在其他方面注意保护自己之外，在饮食方面也特别注意身体的平衡，其中之一就是善于利用各种不同性质的中药材进行调整。因此广东人在很早以前就懂得各种常用中药材的药性，并善于应用在日常的饮食菜肴中，提倡药食同源。这种特性体现在粤菜用料中，粤菜中经常出现使用中药材与食物同烹的情况，这也算是粤菜的一个特点。

广东烧腊制作中使用的中药材主要用于以下几个方面：

（1）**香料类**　利用某些药材在加热后所散发出来的一些特殊香味，以去除食品中的一些不良异味，增加菜式的香味。有部分原料腥膻味较大，如部分畜类原料（如羊肉、狗肉等），异味较大，如果不将其去除就令菜肴无法食用，因此可利用某些香味药材与肉料同烹，使药材的香味盖掉肉类的异味，并使肉料更具香气。同时也可利用某些药材的香味，使某些菜式成为有特殊香味的菜式，如粤菜中著名的“潮州卤水”，就是利用各种药材的配合，使卤水具有药材的香味。

（2）**保健类**　中药中的许多药材具有保健的作用，如党参、红枣、枸杞等，它们对人的身体有不同程度的保健作用。厨师们将其与各类肉料共同使用，可达到平衡人体生理机能的功效。但要注意的是，中医常说：“凡药三分毒。”因此在使用上应注意药性的配合，以免起到反作用。

下面介绍一些广东烧腊制作中常用的药材香料。

（1）**八角**　别名大料、大茴、大茴香。常绿灌木，叶子呈椭圆形，花红色，果实呈八角形。性温，味辛，内含挥发油。出味后经肉料吸收，可促进肠胃蠕动，有健胃、祛痰，促进食欲的作用，是烹调中最常用的香料之一。

（2）**桂皮**　别名肉桂皮。常绿乔木，叶呈卵形，花黄色，果实黑色，树皮褐色。性大热，味甘辛，有健胃、强身、散寒、止痛等作用。其所含桂皮油能刺激胃肠黏膜，有助于消化机能亢进，增加胃液分泌，促进胃肠蠕动，排出消化道积气，促进血液循环，能驱除肉腥味，增进食物甘香气息。

（3）**香叶**　别名香艾。性温，味辛。具有暖胃、消滞、润喉止渴的功效，还能解鱼蟹毒。经肉料吸收后，可增加肉质鲜甜。

（4）**香茅**　别名大风茅、柠檬草、柠檬茅、姜草等。多年生草本植物，叶子扁平、长而宽，圆锥花序，以茎部长、粗，肉厚为上品。性温，味辛。可增加肉质芬芳的香气，刺激味蕾，增加食欲。

（5）**花椒**　别名川椒、蜀椒、大红袍、川花椒。落叶灌木或小乔木，枝上有刺，果实球形，暗红色。性热，味辛。能解鱼腥毒，减少肉腥味，防止肉质滋生病菌，还具有暖胃、消滞的作用。

（6）**草果**　别名草果仁、姜草果仁、煨草果仁。多年生本草植物，叶子长椭圆形，花黄白色，果实长圆形。性温，味辛。可燥湿除寒，消食化积，健脾。经肉料吸收后，可以减少肉腥膻异味。

（7）**陈皮**　别名柑皮、橘皮、红皮、新会皮、果皮，是晒干的橘子皮或橙子皮。性温，味苦辛。可解鱼蟹毒，能消膈气，化痰，和脾，镇咳，止呕，通五淋。出味后经肉料吸收，可减少肉腥味，还有增加菜肴风味的作用，是烹调中最常用的香料之一。

（8）**小茴香** 别名小茴。性温，味辛。可去鱼肉腥味，具有温肾散寒、和胃理气的作用。出味后经肉料吸收，挥发小茴香本身芬芳香气，能减轻肉质膻味，疏肝开胃。

（9）**丁香** 别名丁子、丁子香、公丁香、母丁香。常绿乔木，叶子长椭圆形，花淡红色，果实长球形。性温，味辛。丁香的醇或醚浸出液，可缓解腹部气胀，增强消化能力，健胃祛风，减轻恶心呕吐。其味浸入肉料，食后令人口齿留香。

（10）**甘草** 别名甜草根、生甘草、炙甘草、粉甘草、国老。多年生草本植物，茎有毛，花紫色，荚果褐色，根有甜味。性平，味甘。其甜味经肉料吸收后可减少肉的膻腥味，还可和中缓急，润肺，祛痰，镇咳，解毒，增加人体胆汁，降低胆固醇。

（11）**砂姜** 别名山萘、三萘子、三赖、山辣。一年生草本植物，性热，味辛。呈褐色，略带光泽，经晒不瘪，皮薄肉厚，质脆肉嫩，味辛辣带甜，含姜辣素高。具有化痰行气、消食开胃、健脾消水去湿和防疫等功效。所含成分经肉料吸收后，可减少肉的膻腥味，也可刺激消化道，促进肠胃蠕动，促进食欲，风味特别，是烹调中最常用的香料之一。

（12）**白胡椒** 别名胡椒。常绿藤本植物，叶子卵形或长椭圆形，花黄色，果实小，圆球形。性热，味辛辣。可减少肉料腥膻味，也可消除胃内积气，促进食欲，是烹调中最常用的香料之一。

（13）**豆蔻** 别名草豆蔻，豆蔻仁。多年生草本植物，外形似芭蕉，花淡黄色，果实扁球形，种子像石榴子。性温，味辛。其味道经肉料吸收后，除了可以减少肉腥味，还可以燥湿健脾、暖胃消滞。

（14）**罗汉果** 别名拉汗果。性凉，味甘甜。具有止咳清热、凉血润肠的作用。

（15）**黄枝子** 别名黄萁子、黄栀子、水栀。性寒，味苦。用于调色，令食物色味俱佳，促进食欲。

（16）**孜然** 别名安息茴香，维吾尔族称之为“孜然”，性热，味辛。孜然是烧烤食品必用的佐料，富有油性，气味芳香浓烈，用孜然加工牛羊肉，可以去腥解腻，并能令其肉质更加鲜美芳香，促进食欲。

（17）南姜　别名高良姜或芦苇姜，性热，味辛。出味后经肉料吸收后，可减少膻腥味，亦能促进肠胃蠕动，促进食欲，是调制潮州卤水必不可少的材料之一。

（18）红曲米　别名红谷米。性温，味甘。用粳米加上酒曲，密封使其发热而制成，是天然的食品染色材料，色泽鲜红，亦可入药。

（19）百里香　别名地椒、麝香草。性辛，味温。有强烈的芳香气味，用作调味料，可去除食物异味，食后令人口齿留香。但略有微毒，应小心使用。

（20）蛤蚧　别名蛤蟹、仙蟾、大壁虎。性平，味咸。出味经肉料吸收后，可减轻酸味，能使卤水保存较长时间。

（21）川芎　别名小叶川芎、香果、雀脑芎、京芎、贯芎、抚芎、台芎、西芎。为伞形科植物川芎的根茎。川芎为多年生草本植物，均为栽培，香气浓郁而特殊，味苦、辛、微回甜，有麻舌感。以个大饱满、质坚实、断面色黄白、油性大、香气浓者为佳。

（22）白芷　别名芳香、泽芬、香白芷，为伞形科植物杭白芷或祁白芷的根。杭白芷栽培于江苏、安徽、浙江、湖南、四川等地。祁白芷为多年生高大草本植物，河北、河南等地有栽培。秋种者在次年秋季叶枯萎时采收；春种者由当年寒露时采收，挖出根后，抖去泥土，除去须根，洗净，晒干或烘干。可作香料调味品，有去腥增香的作用，但多用于食疗菜肴。

（23）薄荷叶　薄荷具有医用和食用双重功能，主要食用部位为茎和叶，也可榨汁服。在食用上，薄荷既可作为调味剂，又可作香料，还可配酒、冲茶等。新鲜薄荷常用于制作料理或甜点，以去除鱼及羊肉腥味，或搭配水果及甜点，用以提味。

（24）海马　头部像马，尾巴像猴，眼睛像变色龙，还有一条鼻子，身体像有棱有角的木雕，这就是海马的外形。海马是一种经济价值较高的名贵中药，具有强身健体、补肾壮阳、舒筋活络、消炎止痛、镇静安神、止咳平喘等药用功能，特别是对于治疗神经系统的疾病更为有效，自古以来备受人们的青睐，男士们更是情有独钟。出味经肉料吸收后，可减轻酸味，能使卤水保存较长时间。

（25）当归　别名干归、马尾当归、秦归、马尾归。当归为伞形科植物当归的根。当归为多年生草本植物，生于高寒多雨山区；多栽培。呈圆柱形，下部有支根3～5条或更多，长1.5～2.5 cm，表面棕黄色至棕褐色，具纵皱纹及横长皮。根头（归头）直径为1.5～4cm，具环纹，主根（归身）表面凹凸不平；支根（归尾）直径为0.3~1cm，上粗下细，多扭曲。质柔韧，断面黄白色或淡黄棕色，形成层环黄棕色，皮部有多数棕色油点及裂隙，木部射线细密，有浓郁香气，味甜，微苦，有麻舌感。以主根粗长、枝根少，滑润，断面黄白色，香气浓郁者为佳。

（26）**北芪** 即东北黄芪，又名膜荚黄芪，因盛产于我国北方，故名北芪，主产于吉林省长白山区各县。北芪为重要的补气药，全身之气皆能补益。能补脾健胃、补肺益气、补气固气、补气消肿、补气生血、补气通络、补气升提、补气托毒、排脓生肌。古人把北芪推崇为“补气诸药之最”。

（27）**砂仁** 为姜科植物阳春砂仁、绿壳砂仁和海南砂仁的成熟果实或种子。砂仁是一种较为温和的草药。阳春砂仁含有挥发油，其成分十分复杂，主要有柠檬烯（Limonene）、芳樟醇（Linalool）、乙酸龙脑酯（Bornyl acetate）等。除有浓烈芳香气味和强烈辛辣外，还对肠道有抑制作用。有化湿醒脾、行气和胃、消食的作用。

（28）**党参** 党参为桔梗科植物党参、素花党参（西党参）、川党参、管花党参等的根。党参为多年生草本植物，生于山地灌木丛中及林缘。党参对神经系统有兴奋作用，能增强机体抵抗力；能扩张周围血管而降低血压，并可抑制肾上腺素的升压作用；具有调节胃肠运动，抗溃疡，抑制胃酸分泌，降低胃蛋白酶活性等作用；还对化疗放射线所引起的白细胞下降有提升作用。

（29）**红枣** 别名大枣、大红枣。自古以来就被列为“五果”（桃、李、梅、杏、枣）之一，历史悠久。红枣性温味甘，含有蛋白质、脂肪、糖、钙、磷、铁、镁及丰富的维生素A、维生素C、维生素B_1、维生素B_2，此外还含有胡萝卜素等，营养十分丰富，民间有“天天吃红枣，一生不显老”之说。很多人在煲汤时喜欢放几枚红枣，蒸鸡、炖羊肉或兔肉也喜欢加入红枣肉，就连炖补品、浸药酒也不例外。

（30）**枸杞** 枸杞果实呈类纺锤形或长卵圆形，略扁，长0.6~2cm，直径0.3~1cm。表面红色，微有光泽，顶端有小突起状的花柱痕，基部有白色的果柄痕。果皮柔韧，皱缩，果肉肉质柔润而有黏性，内有种子多枚，类肾形扁而翘，淡黄色或棕黄色，气微，味甜而微酸。以粒大、色红、肉厚、质柔润、籽少、味甜者为佳。

（31）**肉蔻** 别名肉果、玉果、迦拘勒、豆蔻、顶头肉等。

（32）**良姜** 别名小良姜、高良姜，多年生草本植物。根茎圆柱形，具芳香气，有节，节处有环形膜质鳞片，节上生根。叶二列，长披针状，无柄，叶鞘开放抱茎。圆锥形总状花序，顶生，花轴标红色，花冠漏斗状，白色或淡红色。蒴果不开裂，球形，成熟时橘红色。味辛，性温，具强烈辛辣气味。可供作卤水调味料，能去除肉膻腥味，促进食欲。良姜粉为“五香粉”原料之一。

（33）**干姜**　姜科植物姜的干燥根茎，根茎扁平块状，指状分枝，表面灰黄色或淡灰棕色，粗糙，具纵皱纹及环节。分枝处常有鳞叶残存，分枝顶端有茎痕或芽。质坚实，断面黄白色或灰白色，粉性和颗粒性，内皮层环纹明显，维管束及黄色油室散在。气香特异，味辛辣。

（34）**紫苏叶**　为一年生直立草本植物，高常1m余；茎绿色或紫色，为四棱形，被长柔毛。我国南北各省区均有栽培。广布亚洲东部和东南部。夏、秋季开花前分次采摘，除去杂质，晒干。鲜美的紫苏叶，在日本常为入汤的主料，价格还颇高，而它在中国虽是药食兼用之品，却很少用以汤中，且价格很便宜，只有广东民间为小食炒田螺之用。它在中药里为解表药材，能发表、散寒、理气、安胎，用于感冒风寒、发热、咳嗽、气喘、胸腹胀满、胎动不安及解鱼蟹毒。在初夏常遇雨湿引发的感冒发热多为风寒之症，以紫苏叶配香菜滚鱼片汤，能解表散寒、理气宽中，既是辅助治疗风寒感冒的食疗，又为夏闷日理气宽中的家庭靓汤。

（35）**藿香**　别名土藿脊、排香草、大叶薄荷。藿香亦可作为烹饪佐料，或者烹饪材料。因其具有健脾益气的功效，故某些比较生僻的菜肴和民间小吃中利用其丰富口味，增加营养价值，如下饭好菜火焙鱼、汉中美食罐罐茶等。藿香还可凉拌食用，用于解表散邪，利湿除风，清热止渴。

（36）**苍术**　气香特异，味微甘、辛、苦。具有燥湿健脾、祛风湿的功效。其味道经肉料吸收后，可以减少肉腥味。

（37）**芫荽籽**　别名胡妥子、香菜籽、松须菜籽等。具有温和的辛香，带有鼠尾草和柠檬混合的味道，似香菜和铃兰样香气，香味柔甜而辛，透发不留长。过度成熟香气差，籽为双圆球形，表面淡黄棕色，成熟果实坚硬，气芳香，味微辣。芫荽籽是配制咖喱粉等调料的原料之一。芫荽籽是肉制品特别是猪肉香肠、波罗泥亚香肠、维也纳香肠、法兰克福香肠常用的香辛料。肉类限量：1.3g/kg。芫荽籽也可用于食用香精中，主要是提取芫荽籽油作为调配香精的原料。

（38）**柠檬叶**　别名黎檬、洋柠檬。为芸香科植物黎檬或洋柠檬的叶，烹调中有去臭增香的作用，也可以用来做食物佐料。

（39）**九层塔**　生活中就叫罗勒，西餐里很常见，和番茄特别搭。潮菜中又名“金不换”，为唇形科植物罗勒的一年生草本植物，其花呈多层塔状，故称为“九层塔”。其具有很浓的柠檬香气，是制作可口的台式三杯鸡或香酥鸡不可缺少的材料，还可以炒文蛤等海鲜：中国台湾家常菜里还有一道简单又美味的九层塔炒鸡蛋。九层塔也是南欧菜里、特别是意大利的面食里常常出现的香料，也是法国南部的九层塔酱的主材料。

由于九层塔有特别浓的、令人无法忘却的香味，在中国台湾属于广泛使用的香料。中国台湾乡下有这么一句俗语：“九层塔，十里香。”某些品种的香味略似小茴香，味辛甜而微辣。

（40）**迷迭香** 别名海洋之露。叶带有茶香，味辛辣、微苦。少量干叶或新鲜叶片用于食物调料，特别用于羔羊、鸭、鸡、香肠、海味、填馅、炖菜、汤、马铃薯、番茄、萝卜、其他蔬菜及饮料。因味甚浓，在食前取出。古代认为迷迭香能增强记忆，在文学作品和民间传说中，它是纪念和忠诚的象征。迷迭香稍带刺激性，在传统医学中是补药和搽剂中常用的芳香成分。现在，其芳香油是味美思酒和多种化妆品的配料。

2. 常用地方调料介绍

（1）**柱侯酱** 柱侯酱是佛山传统名产之一，创于清代嘉庆年间（公元1796—1820年）。它以大豆、面粉做原料，经制曲、晒制后成酱胚，和以猪油、幼砂糖、芝麻，重蒸煮而成。其色泽红褐，豉味香浓，入口醇厚，鲜甜甘滑，适于烹制鸡鸭鱼肉等，尤以柱侯鸡为最，是调料中的上乘酱料。

（2）**海鲜酱** 广东菜系烹调用的一种酱类调味品，呈枣红色，甜咸带鲜，酱体细腻而有光泽，能够抑腥提鲜，是烹制海鲜的上选调料，亦可用于生鲜肉类的调味，分外香浓。

（3）**腐乳（白）** 别名豆腐乳，是用大豆、黄酒、高粱酒、红曲等原料先制成豆腐胚，再利用毛霉接种在豆腐坯上经发酵制成的。豆腐乳种类较多，口味鲜美，有除腥解腻的作用，适于佐餐或做调味料，如火锅调料等。腐乳通常可分为白、红、青3种：白色腐乳在生产时不加红曲，使其保持本色；腐乳坯加红曲即红腐乳；青色腐乳是指臭腐乳，又称青方，它在腌制过程中加入了苦浆水、盐水，呈豆青色。

（4）**腐乳（红）** 别名南乳、红腐乳、酱豆腐。是用大豆、黄酒、高粱酒、红曲等原料混合制成的，北方称红酱豆腐，南方则多称为南乳，是腐乳中的一大类产品。其种类较多，大都口味鲜美，有除腥解腻的作用，以色正、形状整齐、质地细腻、无异味者为佳品。适于佐餐或作调味料，如火锅调料等。

（5）磨豉酱 磨豉酱是广东人特有的调味料。古时候腌制过后的废弃黄豆糟粕添加糖、香料研磨制成，所以称为磨豉酱。现今工业作法已大不相同，用天然黄豆发酵，加入小麦粉、白砂糖、食盐、水、味粉、焦糖色、改良玉米淀粉和苯甲酸钠调和制成，用途极广。

（6）花生酱 以优质花生等为原料加工制成，成品为硬韧的泥状，有浓郁炒花生香味。根据口味不同，花生酱分为甜、咸两种，是颇具营养价值的佐餐食品。优质花生酱一般为淡米黄色，品质细腻，香气浓郁，无杂质。

（7）芝麻酱 是采用优质白芝麻或黑芝麻等加工而成，成品为泥状，有浓郁的炒芝麻香味。它既是调味品，又有其独特的营养价值。可佐餐，可拌凉菜，亦可作为火锅的调味酱汁使用。芝麻酱有黄色和黑色两种，以色正、味纯、无浮油、无杂质者为佳品。

（8）甜面酱 是以面粉为主要原料，经制曲和保温发酵制成的一种酱状调味品。其味甜中带咸，同时有酱香和酯香，适用于烹饪酱爆和酱烧菜。甜面酱经历了特殊的发酵加工过程，它的甜味来自发酵过程中产生的麦芽糖、葡萄糖等物质，鲜味来自蛋白质分解产生的氨基酸，食盐的加入则产生了咸味。优质甜面酱应呈黄褐色或红褐色，有光泽，散发酱香，黏稠度适中，无杂质。

（9）豉油 即酱油。有浅色酱油，叫生抽或美极鲜酱油；有深色酱油，叫老抽；有无色酱油，叫白豉油。

（10）白豉油 即无色酱油，是西餐中常用的一种调料。白酱油是以黄豆和面粉为原料，经发酵成熟后提取而成。餐桌酱油拌凉菜用，烹调酱油未经加热不宜直接食用；白酱油应在菜肴将要出锅时加入，不宜长时间加热。

（11）喼汁 一种从西方传入中国，经中国烹饪改良，流行于广东周边粤菜的一种特色调味品。选用优质酿造醋、洋葱、丁香、玉果、八角、小茴香等多种名贵香辛料经破碎后高温熬制而成。黑褐色泽，芳香，甜酸，微辣，有独特的浓郁香气，用途十分广泛，能促进食欲。可用来蘸各种油炸食品，更可用来烹制菜肴。

（12）鱼露 别名鱼酱油、水产酱油、鲚油。是各种小杂鱼和小虾加盐腌制加上蛋白酶和利用鱼体内的有关酶及各种耐盐细菌发酵，使鱼体蛋白质水解，经过晒炼溶化、过滤、再晒炼，去除鱼腥味，再过滤，加热灭菌而成。其味道鲜美，是可作酱油用的调味品，产于福建、广东等地。除当地食用外，产品大部分外销东南亚各国。鱼露可用于汤类、鱼贝类、畜肉、蔬菜等菜肴的调味，适用于煎、炒、蒸、炖等多种技法，尤宜调拌，或作蘸料，也可兑制鲜汤和用作煮面条的汤料；民间还常用其腌制鸡、鸭、肉类。鱼露的烹调运用与酱油相似，具有起鲜、增香、调色的作用。

（13）**玫瑰露酒** 玫瑰露酒属于甜香型低浓度露酒类，已有300多年的历史。一般是以玫瑰鲜花为主要原料，用酒精或白酒提取它的香气成分（玫瑰油），玫瑰油含香茅醇28.7%、β-苯乙醇11.99%、香叶醇7.4%，经过再蒸馏、调配、过滤、储存等制成玫瑰露酒。玫瑰露酒具有补气活血、平肝养胃、宽胸散郁等功能。

（14）**头曲** 广东高度数白酒，用于腌制肉料。

（15）**绍酒** 别名老酒、料酒或甜酒等，其色泽橙黄或呈琥珀色，清澈透明，故又称黄酒。绍酒香气浓郁，甘甜味美，风味醇厚，并含有氨基酸、糖、醋、有机酸和多种维生素等，是烹调中不可缺少的主要调味品之一。

调味时之所以要用绍酒，是因为绍酒含有乙醇（酒精），乙醇的挥发性强，而且还具有很高的渗透性。用绍酒腌制鱼、虾等腥臭气味较重的原料，能迅速地渗透到原料的内部，对调味品的渗透有引导作用，使菜肴滋味融合，并能与原料体内三甲胺、六氢化吡啶、氨基戊醛等成分结合。这些物质被乙醇溶解后，经加热能与乙醇一起很快逸出，腥臭味皆无，起到去腥臭、除异味的作用。

烹煮肉类原料时，放入适量绍酒，加热后，绍酒能与溶解后的脂肪产生酯化反应，生成酯类等香味物质，使菜肴溢出馥郁的香气，增加菜肴的复合美味。绍酒中的乙醇还是很好的有机溶剂，用绍酒腌制肥肉，成菜焦香爽口，肥而不腻。

烹制绿叶类菜肴时，加入适量绍酒，能降低原料中有机酸的含量，从而保护叶绿素，成菜翠绿悦目，鲜艳美观。

调味时，加入适量绍酒能增鲜提味，又能增加热度，使菜肴的美味在瞬间的高热中得以完成。由于绍酒含少量的糖分，能使菜肴呈金黄色；同时，还有杀菌防腐、刺激食欲、增进特殊风味等作用。

但不能用白酒代替绍酒，这是因为白酒的乙醇含量较高，一般在57%左右，糖分、氨基酸、酸分含量甚微。所以，生成酯类也少。用白酒调味，因乙醇含量高，烹调时不易挥发，成菜滋味效果不佳，而且还会破坏菜肴的特有风味，所以不用白酒调味。

（16）**五香粉** 是由多种香料混合配制成的复合调料，呈细末状，为家庭常用调味料之一。主要原辅料有八角、桂皮、花椒、小茴香、姜及香菜籽、甘草、橘皮等。它香味浓郁，有辛辣味，还有些许甜味。主要用于调制卤水食品和烧烤食品，或用作酱腌菜的辅料以及火锅调料等。优质五香粉色泽呈褐红或棕黄色，辛辣味浓，粉末细而均匀，无杂质，无霉变。五香粉汇集了各种原料的优点，气味芳香，具辛温之性，有健脾温中、消炎利尿等功效，对提高机体抵抗力有一定帮助。

（17）**嫩肉粉** 即小苏打，是由纯碱的溶液或结晶吸收二氧化碳之后的制成品。嫩肉粉是一种食品疏松剂和肉类嫩化剂，能使干货原料迅速涨发，软化纤维，去除发面团的酸味，适当使用可为食品带来极佳的色、香、味、形，以增进人们的食欲。

（18）**陈村枧水** 即食用碱水，学名为碳酸钾，化学分式为KCO_3，同样可达膨胀肉质的作用，但缺点是肉类腌制后，有种滑潺潺的感觉，亦可用于发制面点。传统亦用于“焗”菜使蔬菜碧绿，它主要是利用叶绿素在碱性环境下，水解成叶绿酸，令蔬菜保持翠绿；反之，如蔬菜遇酸性则破坏叶绿素，绿叶便会褪色。

（19）**味噌** 味噌的种类繁多，简单地说，味噌是以黄豆为主原料，再加上盐以及不同的种曲发酵而成，大致上可分为米曲制成的“米味噌”、麦曲制成的“麦味噌”、豆曲制成的“豆味噌”等。其中米味噌的产量最多，占味噌总产量的八成，比较著名的白味噌、西京味噌、信州味噌等，都是米味噌的一种。

若以口味来区别，则可略分为“辛口味噌”及“甘口味噌”两种，前者是指味道比较咸的味噌，后者则是味道比较甜、比较淡的味噌，这种口味上的差异是因为原料比例不同所造成的。通常曲的比例较重口味，做出来的味噌也较咸，名气颇响亮的“信州味噌”，便是这类辛口味噌的代表；至于关西及其他较温暖的地方，因为平日饮食清淡，制作出的味噌口味也较淡，关西的白味噌及九州味噌，都是颇具代表性的甘味噌。

就颜色而言，可分为“赤色味噌”及“淡色味噌”两大类，味噌颜色的淡浅主要是受制曲时间的影响，制曲时间短，颜色就淡，时间拉长，颜色也就变深。“仙台味噌”是较具代表性的赤色味噌。

味噌的用途相当广泛，可依个人喜好将不同种类的味噌混拌，运用于各式料理中；除了中国台湾人最熟悉的味噌汤外，举凡腌制小菜、凉拌菜的淋酱、火锅汤底、各式烧烤及炖煮料理等，处处都可见到味噌活跃的踪迹。由于味噌不耐久煮，所以煮汤时通常最后才加入味噌，略煮一下便要熄火，以免味噌的香气流失；若用味噌炖煮食物，可分两次加入味噌，先将2/3的味噌融入煮汁中使食材入味，起锅前再加入其余的味噌提香。

（20）**吉士粉** 别名科士达（粉）、卡士达（粉）、起士粉（并非起司粉），是一种混合型的佐助料，呈淡黄色粉末状，具有浓郁的奶香味和果香味，系由疏松剂、稳定剂、食用香精、食用色素、奶粉、淀粉和填充剂组合而成，主要用于增香、增色、增松脆并使制品定性，增强黏滑性。吉士粉原在西餐中主要用于制作糕点和布丁，后来通过中国香港厨师引进，才用于中式烹调。

（21）十三香 别名十全香，是指13种各具特色香味的中草药物，包括紫蔻、砂仁、肉蔻、肉桂、丁香、花椒、大料、小茴香、木香、白芷、三奈、良姜、干姜。属调料，厨房用品，佐料。

十三香的配比一般应为：花椒、大料各5份，肉桂、三奈、良姜、白芷各2份，其余各1份，然后把它们细磨成粉状后合在一起，就是十三香。

（22）虾酱 虾酱是中国沿海地区、中国香港、韩国以及东南亚地区常用的调料之一，是用小虾加入盐，经发酵磨成黏稠状后，做成的酱食品。其味道很咸，一般都是制成罐装调味品后，在市场上出售。亦有将虾酱干燥成块状出售，称为虾膏，味道较虾酱浓郁。虾酱一般作为调味使用。放入各种鲜菜内、肉内食用，味道最鲜美。吃汤面加入少许虾酱，则别具鲜味。可生吃，也可蒸一下作菜肴吃。

（23）沙茶酱 沙茶酱（印尼语Satay）原是印度尼西亚的一种风味食品。其原义是烤肉串，多用羊肉、鸡肉或猪肉，所用的调料味道辛辣，传入中国后，只取其辛辣特点。原料有花生仁、白芝麻、鱼、虾米、椰丝、大蒜、葱、芥末、辣椒、黄姜、香草、丁香、陈皮、胡椒粉等。与原来的东南亚风味不同的是，沙茶香而不辣，略带甜味，是潮汕闽南地区做菜常用的调味品。

沙茶酱是盛行于福建、广东等地的一种混合型调味品。色泽淡褐，呈糊酱状，具有大蒜、洋葱、花生等特殊的复合香味，虾米和生抽的复合鲜咸味，以及轻微的甜、辣味。

（24）番茄酱 番茄酱是鲜番茄的酱状浓缩制品。呈鲜红色酱体，具番茄的特有风味，是一种富有特色的调味品，一般不直接入口。番茄酱由成熟红番茄经破碎、打浆、去除皮和籽等粗硬物质后，经浓缩、装罐、杀菌而成。番茄酱常用作鱼、肉等食物的烹饪佐料，是增色、添酸、助鲜、郁香的调味佳品。番茄酱的运用，是形成港粤菜风味特色的一个重要调味内容。

（25）XO酱 XO酱是中国香港王亭之先生发明的一种调料，采用数种较名贵的材料研制而成。XO酱首先出现于20世纪80年代中国香港一些高级酒家，并于20世纪90年代开始普及化。XO酱的材料没有一定标准，但主要都包括了瑶柱、虾米、金华火腿及辣椒等，味道鲜中带辣。餐饮生产部门厨师大都自行调制使用。

（26）七味粉　简称七味，是日本料理中一种以辣椒为主材料的调料，由七种不同颜色的调料配制而成。这种调料的正确名称其实是七味唐辛子，而在江户时代，亦有人称之为七色唐辛子或七种唐辛子。不同牌子的七味粉的成分可能有所不同，所带来的风味亦不同。这些材料主要有以下几种：芥子、陈皮、芝麻、山椒、火麻仁、紫苏、海苔、青海苔、生姜、菜种。

（27）咖喱　印度可以说是咖喱的鼻祖，地道的印度咖喱会以丁香、小茴香籽、胡荽子、芥末子、黄姜粉和辣椒等香料调配而成，由于用料重，加上少许椰浆来减轻辣味，所以正宗的印度咖喱辣度强烈兼浓郁。咖喱是由多种香料调配而成的酱料，常见于印度菜、泰国菜和日本菜等，一般伴随肉类和饭一起吃。咖喱是一种多样变化及特殊地调过味的菜肴，最有名的是印度和泰国烹调法。咖喱已经在亚太地区成为主流的菜肴之一。

（28）蚝油　广东称牡蛎为蚝，蚝油是用蚝（牡蛎）熬制而成的调料。蚝油是广东常用的传统的鲜味调料，也是调味汁类最大宗产品之一。它以素有“海底牛奶”之称的蚝牖牡蛎隗为原料，经煮熟取汁浓缩，加辅料精制而成。蚝油味道鲜美，蚝香浓郁，黏稠适度，营养价值高。蚝油的使用极为方便，调味范围十分广泛，凡是咸食均可用蚝油调味，如拌面、拌菜、煮肉、炖鱼、做汤等。优质蚝油应呈半流状，稠度适中，久贮无分层或淀粉析出沉淀现象。蚝油的质量以呈稀糊状，无渣粒杂质，色红褐色至棕褐色，鲜艳有光泽，具特有的香和酯香气，味道鲜美醇厚而稍甜，无焦、苦、涩和腐败发酵等异味，入口有油样滑润感者为佳。根据调味的不同，蚝油又可分为淡味蚝油和咸味蚝油两种。名产有三井蚝油、沙井蚝油、李锦记蚝油等。

（29）大红浙醋　大红浙醋是浙江的特产，主要作用有调和菜肴滋味，增加菜肴的香味，去除不良风味；能减少原料中维生素的损失，促进原料中钙、磷、铁等矿物成分的分解，提高菜肴的营养价值和人体的吸收利用；能够调节和刺激人的食欲，促进消化液的分泌，有助于消化吸收；在原料的加工中，可防止某些果蔬锈色；可使肉类软化。对韧、硬的其他肉类或野味禽类，醋也是较好的肉类软化剂；具有一定的抑菌、杀菌作用。可用于食物的保鲜防腐，如酸渍原料等。烧腊制作中主要用于烧烤肉料上糖浆水或卤水品种佐料。

（30）盐焗鸡粉　主要是由姜黄粉、食盐、味粉、I+G、专用小麦粉、白砂糖、肉香粉、姜粉和葱粉调配而成，具有特殊的砂姜风味，主要用来做盐焗菜式，如客家盐焗鸡、盐焗鸡翅、盐焗猪肚等。现时也流行用它来调汤水或腌制肉料，以梅州产地为佳。

（31）**珠油** 珠油是潮州菜一种常见的调味品，它是用红糖、盐、香料和水熬成的一种绛红色液体。熬好的珠油咸中带甜，并且带有浓郁的香味，外观上看与酱油相似，不过浓度要比酱油稠一些。在潮州一带，人们还把珠油叫红豉油、甜豆油，通常是作为蘸碟用。

（32）**黄姜粉** 别名姜黄粉。主产地是印度、印尼和中国，但中国的带苦味，印度的带甜味。而且颜色也不同，中国产的是褐色，印度产的是嫩黄色，非常漂亮。黄姜粉是一种天然香料，可为菜式提供天然香味，用于烹调亦无妨。它常用于制作咖喱汁、葡汁，亦有的用于炒饭，如印尼炒黄姜饭。不过，传统咖喱汁除了使用黄姜粉，亦会使用花奶、椰汁，因此增加了脂肪含量。爱吃咖喱或葡汁的人士，在家中可自行制作健康酱汁，包括使用脱脂奶，以椰子香精取代椰汁，可降低脂肪含量之余，亦可以增加钙质量。

二、原料的腌制技术

制作美味佳肴，除了高超的烹调技艺外，在烹制过程中还应进行适当的腌制加工。原料的腌制主要是利用物理和化学作用，使食品原料烹制前达到渗透入味、去腻或改变原料的组织结构，使之加热后达到香脆、鲜爽、嫩滑的目的。

1. 腌制方法的分类

物料腌制通常可分为3类：纯用化学原料腌制、纯用调料腌制和调料配合化学原料腌制。

（1）**纯用化学原料腌制** 肉类纯用化学原料腌制，目的是将其本质改良，使肉质软绵的特性变得爽脆。过去曾利用的化学原料有硼砂、苏打粉、碱水等。硼砂能使肉质收紧，但含有毒素，过多进食会对人体有害，现在法律已明文规定禁止使用；苏打粉和碱水虽对人体没有多大害处，但苦涩味浓厚，所以经过腌制的肉类必须利用流动的清水浸漂一段时间，将肉中化学元素的味道冲淡，并确保没有遗留化学物质。

（2）**纯用调料腌制** 一般肉类，先加盐、糖、生抽等调料腌至入味，再加生粉和水，可使肉质变得嫩滑。

野味和海鲜肉质较腥，腌的物料除含盐、生粉和水外，可加酒（视肉质腥味的程度加白酒、姜汁酒或玫瑰露酒等）。

肉质嫩滑的海鲜和肉类，加入盐和生粉后，不加水，只加蛋白调匀，嫩滑的程度会倍增。

（3）**调料配合化学原料腌制**　一些韧实的肉类，纯用调料加生粉和水腌制，解决不了松软的问题，可在腌制过程中加入少许苏打粉，使肉质发生化学变化，起到松软作用。如效果仍不理想，可再加入少许松肉粉。

2. 腌味技巧

1）干腌和湿腌：干腌是将调料混匀放入肉类中腌制，如乳猪、琵琶鸭、烧肉等。要使入味均匀，应针对不同的部位将调料适当地放入，如肉类较厚和膝盖部位比其他部位入味难，应多放一些。

湿腌是将调料和酱汁混匀后加入肉类中腌制，如叉烧等。腌的整个过程要翻搅5～6次，使肉类入味均匀，并令色泽一致。

2）将调料放入烧鸡、烧鸭、烧鹅腹腔内时，要将调料的2／3放入鸡、鸭、鹅的上半部，即喉咙位和胸肉位，1／3放在下半部。这是因为上皮风干时，要将其挂起，腔内的酱汁会慢慢由上半身流向下半身。

3）涂匀调料后，如不立即上皮，需要放入冰柜存放时，应将鸡（鸭）身胸向下，背向上，并将其头部放入翅膀底，以防酱汁由颈部流出。原因是胸肉厚，难入味；而背部则因骨多肉少，易吸收调料。

4）腌乳猪、中猪、琵琶乳鸽时，加入淮盐擦匀后要平置腌10～20min，否则难入味。

5）腌制肉类时，各种调料的分量必须搭配好。

6）肉片腌制时间不宜太长，以免影响肉的鲜味。

三、常用酱汁的制作

俗语曰：国以民为本、民以食为天、食以味为先。“味道是菜肴的灵魂”，在众多的调味品中，如何将这些单一味的调料恰如其分地配搭在一起，调配成美味的复合汁（或酱），运用到菜肴当中而制作成一道道色、香、味、形俱全的菜式，这往往是每一名厨师所需要掌握的技术。餐饮生产部门厨师大都自行调制各种风味的酱汁使用，以此来有别于同行竞争对手的口味，突出本店的特色。下面是粤港烧卤制作中较常用的一些酱汁调配方法。

1. 大猪上皮水

（1）**原料**　麦芽糖250g，大红浙醋400g，白米醋500g，广东米酒100g，玫瑰露酒150g，鲜柠檬（取汁）2个。

（2）制作方法

1）鲜柠檬洗干净，切件，榨出柠檬汁，过滤渣滓，盛起备用。

2）麦芽糖用热水隔水加热至溶解，备用。

3）洗净盛器，倒入已经称好的原料，用勺子调匀，便可使用。

（3）适用范围　烤大猪、中猪或五香烧肉。

（4）制作要点

1）工用具必须先清洗干净再用。

2）切忌有污物或油脂粘在用具上。

3）原料凉透后再调制，否则会挥发气味。

4）使用皮水时切忌有污物、血水渗入，否则容易变质。

5）调制好的皮水应用有盖的桶或罐盛载，不用时应密封好放在室内阴凉处。

2. 乳猪上皮水

（1）原料　麦芽糖250g，大红浙醋500g，白米醋500g，头曲米酒500g，玫瑰露酒250g。

（2）制作方法

1）麦芽糖用热水隔水加热至溶解，备用。

2）洗净盛器，倒入已经称好的原料，用勺子调匀，便可使用。

（3）适用范围　烤全体乳猪或奶猪（BB猪）。

（4）制作要点　同“大猪上皮水”做法。

3. 乳猪生酱

（1）原料　海鲜酱1000g，柱侯酱1000g，花生酱500g，芝麻酱200g，喼汁200g，南乳400g，腐乳200g，蚝油200g，幼砂糖1200g。

（2）制作方法

1）把各种块状酱料抓碎。

2）把所用调料混合，搅拌均匀，装入桶里，加盖密封，放在阴凉处存放备用。

（3）适用范围　腌制乳猪、奶猪、烧肉、烧鹅等。

（4）制作要点

1）块状的酱料要先抓碎，否则入味不均匀。

2）所用原料要搅拌均匀。

3）切忌有生水、污物进入。

4）要加盖密封，在阴凉处或冰柜里保存。

5）使用时必须用专用的勺子来盛起。

4. 乳猪熟酱

（1）原料　乳猪生酱2000g，蒜茸25g，干葱茸75g，洋葱茸50g，香菜茸30g，湿陈皮20g，绍酒50g，花生油150g，芝麻油50g。

（2）制作方法

1）把各种香料剁成茸，备用。

2）洗锅，烧热，先下适量花生油，然后放入香料，爆炒至香，烹入绍酒，放入乳猪生酱，煮至滚，再调至慢火，边煮边用手勺顺一方向不停搅动，直至所有调料混合溶解，装入桶里，待凉透后用一层芝麻油封面，最后加盖密封，放在阴凉处或冰柜存放备用。

（3）适用范围　全体乳猪、奶猪、烧肉或片皮鸭等。

（4）制作要点

1）香料的用量不能太多，且必须先剁成茸。

2）香料要先爆炒香，否则香气不够。

3）煮酱料时宜用慢火边煮边搅动，切忌烧焦粘锅。

4）煮好的酱料要凉透后再加盖，否则有水蒸气倒流进酱料里，影响质量和保存时间。

5. 乳猪盐

（1）原料　盐粉1000g，幼砂糖250g，味粉100g，鸡粉100g，五香粉50g，砂姜粉、甘草粉各20g，十三香粉25g。

（2）制作方法　把所有材料混合拌匀便可。

（3）适用范围　腌大猪、小猪和烧肉。

（4）制作要点　乳猪盐要放在干爽的盛器中，加盖密封，放在通风干燥处保存，避免回潮。

6. 烧鹅/鸭盐

（1）原料　盐粉1500g，幼砂糖450g，味粉150g，鸡粉150g，五香粉150g，砂姜粉20g，甘草粉20g，八角粉20g，草果粉20g，桂皮粉20g，丁香粉20g，十三香粉30g。

（2）制作方法　同“乳猪盐”做法。

（3）适用范围　烧鹅、鸭、鸡、乳鸽、鹌鹑等。

（4）制作要点　同“乳猪盐”做法。

7. 烧鹅生酱

（1）原料　烧鹅盐100g，柱侯酱15g，海鲜酱15g，花生酱20g，芝麻酱20g，玫瑰露酒10g，乙基麦芽酚5g，清水50g，丁香、八角（或桂皮）、香叶、姜、蒜头、香菜、葱条各少许。

（2）制作方法

1）各种酱料先抓碎，然后用清水拌匀。

2）各种香料用刀背拍碎。

3）所用原料混合拌匀便可。

（3）适用范围　烧鹅。

（4）制作要点　酱料要抓碎，香料要拍碎，使之入味均匀。

8. 烧鹅/鸭上皮水

（1）原料　清水4000g，麦芽糖3250g，白米醋2250g，大红浙醋600g，头曲600g，幼砂糖500g，鲜柠檬（取汁）2个。

（2）制作方法　同“大猪上皮水”做法。

（3）适用范围　烧鹅、烧鸭等。

（4）制作要点　同“大猪上皮水”做法。

9. 烧鸡/鸽上皮水

（1）原料　清水2500g，麦芽糖2000g，白米醋1000g，大红浙醋1000g，玫瑰露酒600g，幼砂糖500g，醋精1500g，嫩肉粉10g。

（2）制作方法　同“大猪上皮水”做法。

（3）适用范围　脆皮鸡、吊烧鸡、红烧乳鸽、太和烧鸡等。

（4）制作要点　同“大猪上皮水”做法。

10. 叉烧盐

（1）原料　幼砂糖2000g，精盐500g，味粉250g，鸡粉250g，甘草粉100g，砂姜粉200g，五香粉100g。

（2）制作方法　所有原料混合拌匀便可。

（3）适用范围　腌叉烧、排骨、桂花扎等。

（4）制作要点　要放在干爽的盛器中，加盖密封，放在通风干燥处保存，避免回潮。

11. 蜜汁叉烧酱

（1）原料　叉烧盐250g，幼砂糖1000g，味粉100g，鸡粉100g，花生酱

50g，芝麻酱50g，广东腐乳2块，南乳1块，鸡蛋1枚，广东米酒50g，生抽100g，老抽30g，蚝油50g，柱侯酱25g，海鲜酱25g，蒜茸10g，干葱茸20g，八角10g，香叶5g，清水1000g，食用橙红色素少许。

（2）制作方法　先把块状原料抓碎，然后放入其他味料拌匀，再放入拍碎的植物性香料，最后放入清水和食用色素调和便可。

（3）适用范围　蜜汁叉烧、蜜汁烧猪颈肉、蜜汁烧鸡翅等。

（4）制作要点

1）掌握好原料的配方比例。

2）块状酱料一定要抓碎。

3）清水和色素不能太多。

12. 脆皮叉烧酱

（1）原料　盐粉200g，幼砂糖1500g，花生酱100g，芝麻酱50g，鸡蛋清（白）100g，嫩肉粉3g，味粉100g，鸡粉100g，砂姜粉20g，五香粉10g，八角粉10g，生抽50g，食用橙红色素少许。

（2）制作方法　先把块状原料抓碎，然后放入其他味料拌匀便可。

（3）适用范围　脆皮叉烧、脆皮猪颈肉等。

（4）制作要点　同“蜜汁叉烧酱”做法。

13. 蜜汁酱

（1）原料　麦芽糖1000g，清水200g，幼砂糖50g，姜片5g，花生仁50g。

（2）制作方法

1）花生仁先用四成油温炸熟至香脆，呈金红色，捞起，滤干油分，略风干，磨去外衣并压碎，盛起备用。

2）取干净不锈钢汤桶，倒入称好的清水、麦芽糖、幼砂糖和姜片，用小火边煮边搅动至微滚，再放入炸好的花生碎搅匀，待凉透后加盖密封，在阴凉处存放便可。

（3）适用范围　蜜汁叉烧、蜜汁烧排骨、炭烧猪颈肉、脆皮叉烧、烧鸡翅、烧鸭下巴等。

（4）制作要点

1）麦芽糖跟清水的比例要恰当，否则难掌握蜜汁稀稠度。

2）要用小火煮，否则易煮焦。

3）煮时要不断搅动，否则易粘锅底。

4）加入炸花生碎风味更佳。

5）成品粘淋蜜汁前必须凉透，否则易脱落，不均匀。

14. 黑椒酱

（1）原料

①黑椒粉150g，豆瓣酱300g，豆豉泥250g，柱侯酱50g，蚝油50g，干葱茸、蒜茸各100g，精盐50g，蜜糖2小瓶（约575g），鸡粉、味粉各50g，二汤500g，食用油300g。

②黑椒末50g，砂糖150g，美极鲜味汁100g，清水500g，蚝油150g，炒香芝麻茸150g，味粉150g，炸蒜茸150g，柱侯酱250g，牛肉汁100g，炸干葱茸150g。

（2）制作方法

1）猛锅阴油，放入葱茸、蒜茸、豆瓣酱、豆豉泥边加热边加食用油边炒匀，再加入二汤和其他味料，使用慢火炒匀，最后加入蜜糖和匀，倒入小盆内。

2）烧热油锅，下黑椒末、芝麻茸、炸蒜茸、炸干葱茸、柱侯酱爆至香味透出。加入清水、砂糖、美极鲜味汁、蚝油、味粉、牛肉汁煮透便成。

（3）适用范围 黑椒牛仔骨、黑椒串烧牛柳、黑椒炭烧猪颈肉、黑椒鸭下巴等。

（4）制作要点 黑椒要打碎、炒香；美极鲜味汁要最后下。

15. XO酱（又称酱皇）

（1）原料 虾米粒、野山椒粒、火腿茸各1000g，海鲜酱、湿珧柱各500g，咸鱼粒、红辣椒粉各200g，蒜茸、干葱茸各1000g，大地鱼末150g，虾米100g，味粉150g，鸡粉200g，幼砂糖500g，食用油600g，绍酒30g。

（2）制作方法

1）将各种原料抓碎待用。

2）猛锅阴油，放入蒜茸、干葱茸，边加热边加油边半炒半炸至淡金黄色，随即放入拌匀的酱料，使用中慢火边加热边加食用油边翻炒至有干香味，加入绍酒、幼砂糖、味粉再翻炒至香，倒入小盆内，晾凉后用食用油封面，放入冰柜保存。

（3）适用范围 风味烧烤、拼盘等品种蘸料。

（4）制作要点

1）酱料要预先抓碎。

2）加热时要使用中慢火，要将酱料翻炒均匀，边翻炒边加入食用油。

3）味粉、绍酒此类的原料要后放入。

16. 蒜香腌鸡料

（1）原料　蒜头6000g，干葱头1500g，香菜500g，西芹1500g，盐粉750g，幼砂糖250g，味粉500g，玫瑰露酒250g。

（2）制作方法　将蒜头、干葱头、香菜、西芹混合，用绞肉机绞成茸，然后加入其他调料一起拌匀即可。

（3）适用范围　蒜香鸡、蒜香乳鸽、蒜香烤羊排、蒜香肉等。

（4）制作要点

1）原料调配比例要恰当。

2）香料要充分绞碎。

（5）使用要点

1）每次可腌制约10只鸡，用3次后加入味料（盐250g，砂糖75g，味粉200g，玫瑰露酒50g），浸10次后全部要换。

2）腌鸡、乳鸽时塞满肚腔内，盖过面，放入雪柜冷藏隔夜，第二天早上取出，去鸡（鸽）身上及肚内蒜茸，洗净便可再次使用。

3）用完后必须在雪柜存放保管。

17. 风沙鸡腌料

（1）原料　精盐400g，砂糖3000g，清水10kg，干葱头1000g，香菜1000g，蒜肉1000g，洋葱1000g，玫瑰露酒1瓶，五香粉、八角、花椒各少许。

（2）制作方法　将各种原料混合，放至一天出味即可。

（3）适用范围　大漠风沙鸡、琵琶乳鸽、琵琶鸡、琵琶鸭等。

（4）制作要点

1）原料调配比例要恰当。

2）按每次腌制10只鸡计算，浸3次（即30只鸡）之后，每次腌制前要加味料（蚝油250g，砂糖200g，玫瑰露酒100g），浸10次后要更换全部材料，否则鸡没味。

18. 贵妃鸡水

（1）原料

①清水15kg，骨汤1500g，虾米1000g，火腿1000g，瑶柱碎750g，草果150g，砂姜100g，香叶50g，草果6个，生姜块5件，小葱10条。

②冰糖250g，精盐750g，味粉400g，鸡粉200g。

（2）制作方法

1）先将原料①中所有材料混合，用大火煮沸后改用慢火熬约2h，至汤水出味。

2）加入②中所有材料，继续用慢火煮约25min，至完全溶解即可。

（3）适用范围　贵妃鸡、贵妃乳鸽等。

（4）制作要点

1）原料调配比例要恰当。

2）香料的味道要充分煮出来。

（5）使用要点

1）使用鸡水前肉料必须先洗干净污物和血水，最好经过“飞水”处理再卤浸。

2）每次使用完鸡水后，应再次将其煮沸，撇去浮油，熄火，让其自然冷却，室温存放。

3）要定期过滤卤渣，以保持卤水洁净。

4）适当时候增添材料，保持卤汁味道足够。

19. 蚝皇腌烧鸡水

（1）原料

①生抽王5000g，味川神厨烧腊香膏250g，蚝油250g，美极鲜酱油200g，精盐1500g，味粉500g，幼砂糖1500g，老抽约50g，砂姜粉、五香粉各25g。

②干葱头1500g，香菜150g，蒜肉2500g，洋葱1500g，红尖椒5个。

③香叶、砂姜片、甘草片、小茴香、丁香各5g。

（2）制作方法

1）先将③洗干净，用煲汤袋装好，扎紧口。

2）烧锅下油，放入②所有材料，爆香，投入①所有材料，放入③汤包，用慢火煮40min至出味，自然冷却后即可使用。

（3）适用范围　蚝皇烧鸡、蚝皇乳鸽等。

（4）制作要点

1）原料调配比例要恰当。

2）香料的味道要充分煮出来。

（5）使用要点

1）使用鸡水前肉料必须先洗干净污物和血水，最好经过“飞水”处理再浸泡。

2）每次使用完鸡水后，应再次将其煮沸，撇去浮油，熄火，让其自然冷却，室温存放。

3）要定期过滤卤渣，以保持卤水洁净。

4）适当时候增添材料，保持卤汁味道足够。

5）按每次腌制10只鸡计算，浸3次（即30只鸡）之后，每次浸之前要加味料（蚝油250g，精盐150g，砂糖130g，味粉50g），浸10次后要更换全部材料，否则鸡水没味。

20. 南乳吊烧鸡腌料

（1）原料

①生姜片500g，蒜肉500g，香菜500g，甘草150g，八角150g，砂姜150g。

②南乳1800g，腐乳300g，砂糖6000g，盐粉3000g，味粉700g，生抽王6000g，美极鲜酱油600g。

（2）制作方法

1）先将南乳和腐乳混合，搓成茸。

2）将各种材料混合，放至一天，至出味即可使用。

（3）适用范围　南乳吊烧鸡、南乳吊烧乳鸽等。

（4）制作要点

1）原料调配比例要恰当。

2）香料的味道要充分出来。

（5）使用要点

1）每次腌制以10只鸡计算，腌1h，每隔20min翻搅1次，以便入味均匀。

2）腌制3次后，每次腌制前要加入南乳150g，砂糖200g，盐粉100g，味粉50g，生抽王200g，美极鲜酱油100g。腌制15次后需重新调配。

3）每次使用完后，放雪柜存放。

21. 烧烤酱

（1）原料

①洋葱茸50g，红糖30g，白醋20g，牛油少许。

②辣酱油20g，番茄酱40g，柠檬汁40g，清水少许。

（2）制作方法

1）用平底锅将牛油煮熔，加入洋葱茸，煎至金黄色，再加入红糖、白醋和其他原料。

2）煮沸，然后用慢火煮15min即成。

（3）适用范围　风味烧烤的肉料腌制或蘸食等。

（4）制作要点

1）注意各种原料的配方比例。

2）掌握好煮制的火候、时间和稀稠度。

22. 泰汁（佐料）

（1）原料　泰国鸡酱1支，泰国鱼露150g，白醋2000g，盐粉150g，鸡粉50g，味粉300g，砂糖250g，鲜柠檬1个，麻油100g，青、红椒丝各100g，洋葱丝150g。

（2）制作方法　将以上材料混合调匀，柠檬切片放入即可。

（3）适用范围　泰式凤爪、泰式爽猪手的佐料。

（4）制作要点

1）注意各种原料的配方比例。

2）制好后放冰柜保存，使用时取出便可。

23. 叉烧汁（佐料）

（1）原料　生抽1000g，蚝油500g，麦芽糖1000g，幼砂糖1500g，味粉250g，鸡粉250g，老抽300g，清水2500g，八角25g，香叶25g。

（2）制作方法　各种原料调和，用中火煮开，再过滤渣滓便可。

（3）适用范围　蜜汁叉烧、蜜汁烧排骨、炭烧猪颈肉、脆皮叉烧、烧鸡翅、烧鸭下巴的佐料等。

（4）制作要点

1）注意各种原料的配方比例。

2）掌握好煮制的火候、时间和稀稠度。

24. 姜葱茸（佐料）

（1）原料　肉姜500g，肉葱白100g，盐粉150g，幼砂糖50g，味粉25g，鸡粉25g，砂姜粉30g，胡椒粉10g，芝麻油25g，花生油600g。

（2）制作方法

1）肉姜切碎，用榨汁机打碎成茸，过滤姜汁，备用。

2）肉葱白切成茸，与姜茸混合，然后再加入盐粉抓碎出香味，再加入幼砂糖、味粉、鸡粉、砂姜粉、胡椒粉和芝麻油拌匀。

3）烧锅，下花生油，烧热至冒白烟，倒入姜葱茸里，拌匀便可。

（3）适用范围　白切鸡、姜汁大肠、白灼牛百叶或火锅等。

（4）制作要点

1）姜茸要去汁，否则会辣。

2）葱茸要取葱条的葱白部分才够香味。

3）姜和葱都要加工成茸状，否则口感差。

4）姜葱茸先用盐抓碎，才能出香味。

5）所用原料要拌匀。

6）倒入的花生油要热，香味才够。

25. 砂姜茸（佐料）

（1）原料　鲜砂姜300g，蒜肉50g，干葱头50g，香菜20g，美极鲜酱油300g，老抽25g，幼砂糖50g，味粉10g，鸡粉10g，花生油100g。

（2）制作方法

1）各种植物香料洗干净，砂姜刮去表皮，用刀剁成茸状，混合装入盆中，放入调料拌匀，备用。

2）花生油烧热，淋在调好的各种味料里，再拌匀便可。

（3）适用范围　湛江砂姜鸡、雷州白切狗、白切东山羊等。

（4）制作要点

1）各种植物性香料要剁碎，否则影响口感。

2）所用原料要拌匀。

3）淋入的花生油要热，香味才够。

26. 糖醋汁（佐料）

（1）原料　白醋500g，冰糖350g，番茄汁120g，喼汁60g，OK汁200g，山楂片30g，盐粉15g，鲜柠檬半个，食用橙黄色素少许。

（2）制作方法

1）鲜柠檬榨汁，备用。

2）山楂片用少许清水浸溶，备用。

3）烧锅，下白醋、冰糖，煮溶，加入其他调料煮开，再调入色素便可。

（3）适用范围　糖醋排骨、脆皮大肠、脆皮鸡等。

（4）制作要点

1）各种调料的比例要准确。

2）酸甜要适中。

3）色素不能太多。

27. 酸梅酱（佐料）

（1）原料　冰花酸梅酱6小瓶，糖醋汁750g，幼砂糖1250g，盐粉100g，味粉30g、鸡粉30g，浓缩橙汁100g，清水200g。

（2）制作方法

1）倒出瓶装酸梅酱，用密篱过滤酸梅核，备用。

2）烧锅，下清水及所有调料，煮开便可。

（3）适用范围　烧鹅、烧鸭、烧鸡、脆皮大肠等。

（4）制作要点

1）各种调料的比例要准确。

2）酸甜要适中。

28. 淮盐（佐料）

（1）原料　盐粉500g，五香粉50g，砂姜粉5g。

（2）制作方法　各种味料拌匀，在干锅里用小火炒香，晾凉便可。

（3）适用范围　红烧乳鸽、脆皮鸡等。

（4）制作要点　各种调料的比例要准确。

29. 盐焗鸡酱（佐料）

（1）原料　客家盐焗鸡粉500g，砂姜粉100g，盐粉50g，味粉25g，鸡粉25g，幼砂糖100g，芝麻油200g。

（2）制作方法

1）先把砂姜粉和盐粉混合炒香，晾凉。

2）然后加入味粉、鸡粉、幼砂糖、客家盐焗鸡粉和芝麻油拌匀便可。

（3）适用范围　东江盐焗鸡、手撕盐焗鸡、客家咸香鸡等。

（4）制作要点　各种调料的比例要准确。

30. 汾蹄汁（佐料）

（1）原料　白醋2500g，幼砂糖1250g，盐粉50g，大红浙醋250g，蒜茸150g，红尖椒碎50g，青尖椒碎50g。

（2）制作方法　各种味料调和，砂糖溶解便可。

（3）适用范围　佛山汾蹄、潮州卤水品种等的佐料。

（4）制作要点

1）各种调料的比例要准确。

2）蒜头和红尖椒要切成末状，否则影响口感。

3）调料中不能加入味粉，否则白醋会更酸，味道变“寡”。

31. 自制辣椒酱（佐料）

（1）原料　桂林辣椒酱4小瓶，辣椒油1小瓶，花椒油2小瓶，盐粉20g，味粉25g，鸡粉25g，蒜茸75g，清水100g，芝麻油30g，花生油75g。

（2）制作方法

1）各种酱料先在盆中混合，备用。

2）烧锅，下花生油，调小火，放入蒜茸，炸至淡金黄色，放入其他所有的调料和清水，边煮边搅拌至煮开便可。

（3）适用范围　和味牛杂、煮田螺、凉拌小吃等。

（4）制作要点

1）各种调料的比例要准确。

2）蒜茸要先略炸才香。

3）要用小火边煮边搅拌。

4）酱料盛起后要等凉透再加盖保管，否则有蒸馏水流入酱料中导致变质。

32. 香油（佐料）

（1）原料　鸡油1500g，花生油500g，芝麻油50g，蒜肉20g，姜片25g，葱条20g，香芹25g，洋葱20g，香菜梗20g，干葱头20g，八角10g，香叶5g。

（2）制作方法

1）先将鸡油略经“飞水”处理，捞起，沥干水分，备用。

2）洗净植物性香料，切成小段，备用。

3）洗锅，烧热，调至小火，放入适量的花生油，先放入蒜肉、姜片、葱条，爆香，然后放入其他香料炒香，再放入鸡油，用小火熬40min，过滤香料渣滓，加入芝麻油，调匀，便成香油。

（3）适用范围　卤水制品、凉拌菜等。

（4）制作要点

1）注意原料的投放顺序。

2）要先爆香香料，否则香味不够。

3）要用小火熬，防止烧焦。

4）香油盛起后要等凉透再加盖保管，否则有蒸馏水流入酱料中导致变质。

33. 淋鸡豉油（佐料）

（1）原料 生抽王500g，鸡粉350g，白砂糖220g，美极鲜酱油110g，鱼露40g，胡椒粉、麻油少许，清水（或用冬菇蒂、香菜梗、西芹熬出汤底）2500g。

（2）制作方法 将所有材料混合煮溶调匀即可。

（3）适用范围 葱油阉鸡、凉拌小菜等。

（4）制作要点

1）原料调配比例要恰当。

2）使用前须煮沸。

34. 风沙鸡酱（佐料）

（1）原料 南乳500g，顶好牌花生酱500g，芝麻酱250g，蚝油250g，味粉200g，蒜茸少许，清水500g。

（2）制作方法

1）先将各种酱料与清水混合，搅溶。

2）然后再放入其他材料，用中火煮出味，隔去蒜茸即可。

（3）适用范围 大漠风沙鸡。

（4）制作要点

1）原料调配比例要恰当。

2）酱料要充分绞碎。

3）在煮的过程中要不停搅动，避免粘底烧焦。

35. 南乳汁（佐料）

（1）原料 南乳500g，蒜茸25g，干葱茸25g，生乳猪酱200g，清水250g，芝麻油50g，砂糖150g。

（2）制作方法

1）先将南乳搓成茸。

2）烧锅下油，下蒜茸、干葱茸爆香，下南乳、砂糖、清水、生乳猪酱，煮沸，起锅前加入芝麻油搅匀即可。

（3）适用范围 南乳吊烧鸡、南乳吊烧乳鸽等。

（4）制作要点

1）原料调配比例要恰当。

2）香料的味道要充分煮出来。

3）放入芝麻油封面，既能使酱汁味道更好，又能较长时间保存使用。

36. 烧鸡汁（佐料）

（1）原料　生抽王650g，李锦记蚝油50g，砂糖300g，味粉20g，生、熟蒜头各250g，鲜柠檬1个。

（2）制作方法

1）先将柠檬去皮，片肉，切成幼粒备用。

2）其他材料混合，用慢火煮30min至出味，自然冷却后，加入柠檬粒即可使用。

（3）适用范围　蚝皇吊烧鸡、蚝皇乳鸽等。

（4）制作要点

1）原料调配比例要恰当。

2）香料的味道要充分煮出来。

3）加盖密封保存。

酱汁配制及使用过程中要注意以下几点：

1）在少量制作或家庭制作时，可按比例相对地减少各种材料的用量。例如，浸玫瑰豉油鸡1只，可将材料减少5倍，即用生抽王1000g、绍酒500g、冰糖1000g；药材也应相对减少。制作出来的效果是一样的。

2）在使用原材料的过程中，品牌的不同，会影响味道的质量，最好使用有品质保证的名牌产品。

3）不同地域的产品也有区别。例如，盐粉、砂糖，在美国、加拿大，两者与国内的使用浓度不一样，那里的盐粉偏浓而砂糖浓度较低，所以要根据产品的质量对配方加以变通。

4）全国各地的口味总的来说东北偏味浓（大咸大甜），西南偏酸辣，沪江浙一带偏甜，广东偏清淡，所以宜根据地区的不同而适当地调整配方的定量。

5）综上所述，酱料的配制宜根据材质、地域、饮食习惯以及实际需要而加以调整、改进。

四、专用卤水的制作及注意事项

1. 潮州卤水

（1）原料

1）汤水：清水30000g，骨头汤水3000g，梅肉300g，猪脚1只，老母鸡1只，鸡爪100g，猪大骨500g，金华火腿50g，干瑶柱50g，土鱿1只，大地鱼2条，虾壳25g，火腩（烧肉）100g，蛤蚧1对，小海马1只，冬菇25g。

2）药材袋（卤水胆）：八角25g，花椒5g，香叶5g，丁香5g，桂皮10g，草果5个，陈皮20g，砂姜30g，甘草30g，小茴香3g，豆蔻5g，黄枝子5g，当归5g，玉竹3g，北芪5g，白芷5g，淮山5g，枸杞2g，罗汉果1个，白胡椒2g，香菜籽2g，红谷米50g。

3）调料：生抽1000g，美极鲜酱油500g，绍酒500g，蚝油150g，鱼露200g，味粉200g，鸡粉200g，老抽25g，盐粉100g，冰糖500g。

4）香料：南姜片50g，香茅段10g，葱段10g，姜片25g，尖辣椒10g。

5）香油：鸡油1500g，花生油500g，芝麻油50g，蒜肉20g，姜片25g，葱条20g，香芹25g，洋葱20g，香菜梗20g，干葱头20g，八角10g，香叶5g。

（2）制作方法

1）熬汤水：先把干货原料用小火烤香，然后洗干净；新鲜肉料略经“飞水”处理，再用清水洗净；把所有原料放入汤桶里，加入清水，先用大火煲约15min至滚，然后调至小火煲2h至入味，用密篱过滤汤渣，得出汤水。成率约为80%。

2）煲药材：先把大块或长条的药材斩碎，然后把所有药材用清水洗净，一起装入煲汤布袋里，扎紧口，放入已煲好的汤水中，再用中小火煲50min至出药材香味。

3）炒冰糖和调味：洗锅，烧热，调至小火，放入适量的花生油，放入已经敲碎的冰糖粒，边煮边搅动，至冰糖溶化，起小气泡，马上倒入汤水中，再调入其他调料。

4）熬香油：先将鸡油略经“飞水”处理，捞起，沥干水分，备用；洗净香料，切成小段，备用；洗锅，烧热，调至小火，放入适量的花生油，先放入蒜肉、姜片、葱条，爆香，然后放入其他香料炒香，再放入鸡油，用小火熬40min，过滤香料渣滓，加入芝麻油，调匀，便成香油。

5）把香油倒入已调好味的汤水中，加入南姜片、香茅段、葱段、姜片、尖辣椒再用小火煲1h，便制成潮州卤水。待凉透后加盖，放在阴凉处存放。

（3）适用范围 卤水猪耳、卤水鹅、卤水鹅掌、卤水鸭颈、卤水鸡蛋、卤水豆腐等。

（4）制作要点

1）汤水的用料要足，时间亦要足，干货原料要先烤香，才能煲出味道。煲汤时最好在桶里放一张竹笪，可以预防肉料粘锅焦煳。

2）药材的比例要恰当；长、尖的药材要斩碎，否则易刺穿药材袋；大块的药材也要压碎，才能出味。

3）炒冰糖时火候一定要小，要不停地搅动，否则易煮焦煳；炒溶冰糖应马上倒入汤水中，而且此时应注意安全，否则汤水容易溅出伤人。

4）熬香油时注意原料的投放顺序；要用小火熬，防止烧焦。

5）掌握好各种原料的分量及比例。

6）初次调味和调色时不宜太深，因为卤水味道和颜色都会越煲越浓。

7）卤水煲滚后要待凉透后再加盖，否则有蒸馏水流入卤水中，造成变质。

2. 精卤水（豉油鸡水）

（1）原料　八角75g，桂皮100g，甘草100g，生姜100g，草果25g，香叶25g，丁香25g，砂姜25g，陈皮25g，豆蔻25g，罗汉果1个，食用油200g，长葱条250g，生抽5000g，绍酒2500g，蚝油1500g，冰糖2100g，红谷米150g。

（2）制作方法　将八角、桂皮、甘草、草果、丁香、砂姜、陈皮、香叶、豆蔻、罗汉果一起放进白纱布袋，用绳子把袋口扎紧（即药材袋），另将红谷米放进另一袋扎牢。把瓦盆放置火炉上，用中火加热后，加入食用油，放进生姜、长葱条略爆炒至香，放入生抽、绍酒、蚝油、冰糖、药袋和红谷米一同烧至微沸，改用慢火加热约30min，捞起姜、葱、红谷米，撇去浮油便成。

（3）适用范围　桶子豉油鸡、玫瑰豉油鸡、豉油皇乳鸽等。

（4）制作要点

1）掌握好原料的比例。

2）熬制时间要够。

如何正确使用和保管好潮州卤水？

1）卤水必须由专人看管。

2）每天上下班前应将卤水煮滚。

3）不同性质的原料应分开卤制。

4）切忌带生、污物、血水、异味的原料卤制。

5）原料卤制前须先经“飞水”处理。

6）卤制原料宜用中小火。

7）大块、难熟的原料最好使用熟卤（即先将原料进行初步熟处理后再放入卤水中卤制）。

8）要定期过滤卤渣，以保持卤水洁净。

9）适当时候增添卤水材料，保持卤汁味道和颜色足够。

10）卤制品待风干后品尝风味及口感更佳。

3. 粤式卤水（一般卤水）

（1）原料

①骨头汤水3000g，老母鸡1只，猪大骨500g，火腩（烧肉腩）500g，蛤蚧1只，小海马1只，冰糖500g，绍酒250g，生抽3500g，味粉500g，精盐300g，清水30000g。

②八角75g，桂皮100g，甘草100g，陈皮50g，丁香25g，香叶25g，砂姜200g，豆蔻50g，罗汉果1个，白胡椒30g，草果50g。

③姜片100g，葱条250g。

（2）制作方法

1）先将原料①用大火煲滚，然后用中小火熬1.5h，过滤汤渣，得出汤水。

2）用清水洗净②，装入煲汤布袋，扎紧口，放入汤水中，用牙签穿起③，也放入汤水中，用慢火煲50min至药材出味便可。

（3）适用范围 卤水猪肚、猪舌、猪耳、金钱肚等。

（4）制作要点

1）汤水要用较长时间煲出味。

2）注意药材用量的比例。

3）煲好的卤水每天使用完后要再将其煮滚，待凉透后再放到阴凉处存放好。

4. 白卤水

（1）原料 清水7500g，大地鱼500g，老母鸡500g，猪大骨500g，瑶柱300g，虾米150g，生姜10g，葱条10g，八角25g，草果4个，甘草75g，砂姜50g，香叶20g，香茅30g，味粉100g，鸡粉150g，冰糖100g，盐粉300g。

（2）制作方法 先将大地鱼、老母鸡、猪大骨、瑶柱、虾米用清水慢火细熬；待熬至汤水约5000g时，用滤网滤去汤渣；接着放入用汤料袋包好的卤水药材，以及调入味粉、鸡粉、冰糖和盐粉；再继续翻滚，待翻滚至冰糖完全溶解便可使用。

（3）适用范围 白切鸡、白切猪、蒜泥白肉、脆皮鸡、红烧乳鸽等。

（4）制作要点 同“粤式卤水”做法。

5. 盐焗卤水

（1）原料 老母鸡1只，金华火腿400g，梅肉500g，鸡油300g，鲜砂姜100g，干虾仁100g，香叶5g，八角50g。

（2）调料 精盐20g，味精10g，客家盐焗粉90g，乙基麦芽酚10g，黄姜粉少许，清水1汤桶（约10000g）。

（3）制作方法

1）先将火腿、干虾仁、梅肉、老母鸡和清水熬制2h，制成汤水，过滤汤渣。

2）鲜砂姜掰碎，去皮，搓洗干净泥沙，用刀拍烂，与香叶、八角洗净，用鸡油炒香，放入汤料袋装好，扎紧袋口，然后放入汤水中煲20min，再放入其他调料，煲滚，调入黄姜粉，制成盐焗卤水。

（4）适用范围　客家咸香鸡、盐焗凤爪、盐焗鸡翅、盐焗鸡胗等。

（5）制作要点　同“粤式卤水”做法。

五、烧烤时应注意的问题

1. 燃料的选择

传统的烧烤制作采用明炉果木（又称果柴、劈柴）烤制法。烧烤的最佳燃料是枣木，枣木具有烟青火硬、火力均匀、耐烧等特点。它在燃烧时可分解出芳香物质，这种物质黏附在鸡、鸭、鹅等肉料坯表层，可使肉料含有清香味道。如果没有枣木，选用荔枝、桃、柿、杏、梨等果木作烤制燃料亦可。但一定不可使用带有异味的松、柏、椿等木柴，因为它们在燃烧过程中冒出的烟含有一股怪味，会污染肉坯，并使外形不美，让食者无法接受。

选好的果柴，可锯成与炉门等宽或略短的一段。圆木要破开，破成柴棒，尽量使柴棒粗些，太过细碎易燃烧但火力不够均匀。

2. 烤制过程中应注意的问题

（1）炉温高低对成品质量的影响　烤制过程中要求炉温尽量均衡，过高或过低都会影响成品的质量。如果炉温过低，会造成皮质软而不脆，吃起来既有油腻感又觉质地不香，还会造成皮质皱缩，外形不美（皮皱缩是因为充满于皮下脂肪的气体受热膨胀后又遇冷而收缩。出现这种现象后，因皮已硬化，即使再升高温度也不能再复原）。如果炉温过高，皮易着色而内里未熟，久烤则表皮易焦煳；同时，皮下网状脂肪间的气体受高温急剧膨胀，会造成破口、漏气、皮皱缩，或一燎即胀破，造成全脯塌陷、一侧塌陷及局部起泡等质量问题。另外，在烤制末尾阶段，温度过高，会使皮下脂肪全部熔化，肥油流出，造成空腔，令皮肉分离，吃起来既不鲜嫩，又不香，皮色也不美。

（2）在烤制时，存在影响炉温高低的因素，须进行调节

1）点火对炉温的影响及调节：点火时温度低，而生坯入炉是在炉温高达

230℃以上、炉烟排除之后进行的，所以须在烤制前进行点火烘炉，否则炉温达不到烤制要求。

2）入炉原料的数量对炉温的影响及调节：炉内温度虽然达到烤制温度，但生坯温度低，当大量生坯入炉时，必然会降低炉温。一般认为，每批入炉5只左右较为适度；如要大批入炉，则应加强火力，以保持炉温的平衡。

3）原料的温度对炉温的影响及调节：刚入炉的生坯，体凉，会引起炉温降低，故须加大火力；生坯齐色之后，温度升高，则须减小火力（此时若火力过大，炉温过高，易造成皮焦化）。

4）在烤制过程中须控制炉火，使其不扑向炉内，以免皮烧焦。在烤制结束、炉内肉坯已经上全色了，再没有生坯入炉时，须抽掉一些烧柴，并在熄柴桶内使其熄灭。

（3）烤制时间的控制 烤制所需的时间与炉温有密切的关系，但实际操作中应灵活掌握。一般来说，烤制时间过短肉不熟，烤制时间过长流油过多，造成皮薄如纸，肉质老，失去皮脆肉嫩的特点。

（4）影响烤制时间的因素

1）火力的大小。

2）肉坯的大小与肥瘦度。

六、各种肉类原料的选择

要使菜式色鲜、形美、味香，除了在烹饪制作方面要有精湛的技术之外，选用优质上乘的原料也是至为重要的。不同产地的禽畜有不同的特点。有些地方能长期选留良种，加上选料及饲养得法，使禽畜长得格外好，吃起来鲜嫩肥美。

1. 猪的选择

烧烤常用的乳猪指育龄1～2月的猪，以毛重在4～5kg为好。乳猪中水分较多，肉质松弛细嫩，色泽偏淡，风味尚可，最适合烤制。原产于广西的香猪，皮薄、骨细、肉质细嫩，尤其适合于制作烤乳猪。

2. 鸡的选择

广东鸡以清远的洲心、龙塘，番禺北部等地所产者为最佳，广州人称为本地鸡，多由农民家庭少量喂养，以谷碎、米糠饭、酒糟为饲料。

本地鸡的特征是毛细滑而油润、毛色麻黄，头细、眼细、颈短、翼短、脚矮且细、脚衣金黄色、冠细、尾大起黄油而堕垂，骨软肉滑。外地鸡则次之，特征是身长、脚高而粗、毛色暗淡、肉纹粗、骨硬、皮韧、肉味淡。外地鸡也宜选用当地农家饲养的为加工原料。

3. 鸭的选择

鸭类有广东本地鸭、泥鸭、番鸭、北京鸭之分。

广东本地鸭以番禺万顷沙所产为最佳，特征是毛色麻黄、颈短、头细、脚短带赭色、胸肉厚、身大骨细、味鲜。泥鸭身大而长、毛色麻黑、嘴长尖带钩、下巴微淡红、脚淡黄、声尖、肉削、骨大、味淡。番鸭的特点是雁鹅形、身大、脚短、翼大、毛色黑的嘴黑、花麻的嘴青、白的嘴红、声尖、纯正，味鲜而不滑。北京鸭的特征是身肥、肉嫩、味鲜美、毛色白、身长而阔、头大、眼黑、脚与嘴俱橘红色。

烧烤时要选择白鸭，其特征是嘴脚俱黄、毛色雪白、颈短、脚短，以育龄45～50天的为最佳。这样的鸭皮下脂肪分布均匀，适合烧烤。

4. 鹅的选择

鹅类应以黑鬃鹅为首选，黄鬃鹅、狮头鹅等为次选。

黑鬃鹅的特征是毛色黑、身短、颈短、头细、脚矮、头黑有鬃，广东的黑鬃鹅产地以从化、清远为最佳。黄鬃鹅的特征是毛色淡黄、毛眼粗、脚黄、嘴红、骨大、皮薄。狮头鹅则骨硬而肉薄、皮韧。

此外，还要懂得如何鉴别老嫩。翅膀不紧贴身体，翼毛呈天蓝色者为嫩鹅；翼毛交叉，翼毛已通翎为成年老鹅。宜选嫩鹅进行加工。

5. 鸽的选择

肉用鸽主要有石岐鸽和王鸽两种。前者主要产自广东中山石岐镇，为杂交品种。石岐鸽体型小，羽毛杂色，胸脯肉发达，肉质细嫩鲜美。王鸽原产于美国，是世界著名肉鸽。王鸽体形短胖，嘴短而鼻瘤细小，头盖骨圆且向前隆起，尾短而翘。

注意：禽畜原料在拔毛时应保持其完整性，不能破皮或者表皮有瘀痕，否则影响成品美观。

复习思考题

1. 举例介绍烧腊制作所使用的香料。
2. 举例介绍烧腊制作所使用的酱料。
3. 烧腊品种制作前为什么需要经过腌制？
4. 调制各种卤水时需注意哪些要点？
5. 谈谈火候对烧烤的影响有哪些？

第二章 烧烤品种制作

第一节 明炉烧烤品种制作

明炉烧烤也叫躺炉烧烤，是将原料放在敞口的火炉或火盆上烤炙。火炉、火盆上方一般有铁架子，原料就放在铁架上烤。许多原料为便于手攋（翻转）方便，还以铁丝或铁叉穿刺。

明炉烧烤的特点：设备简单，火候较易掌握，但因火力分散，故烤制的时间较长。烤时火直接烧燎原料，脱水更多，甘香味也更为浓郁。

明炉烤的操作要领如下：

1）明炉烤的原料，形体小的大多事先调味；形体大的，因求其外表香脆质感，往往烤成之后另外用调好的佐料蘸食。

2）事先调味的要经过腌制阶段，便于入味。

3）烤时往往烤熟为止，原料离火稍近。

4）原料形体大的，烤时必须耐心，离火稍远。

5）缓缓地、不停地转动原料，使每一部分均匀地受热和上色。

有些原料还在表皮涂以糖稀，使皮色棕红，质地香脆。烤时要掌握火候，即外表脆时里边正好成熟。

典故：烧乳猪

明炉烧乳猪又称烤乳猪。查究历史，早在西周时代已列为八珍之一，当时被称作炮豚，除此之外又是作为祭天牺牲品之一，南北朝的《齐民要术》一书中就有较为详细的烧乳猪的制作方法，并形容它“色同琥珀，又类真金，入口则消，壮若凌雪，含浆膏润，特异凡常也”。可见1400多年前中国的烧乳猪技艺已相当精湛。到了清康熙时，烧乳猪被列为宫廷名菜，成为满汉全席中的一道主要菜肴，烹制方法也因此传遍全国各地。到清末民初，广州作为当时的革命圣地，以及工商业逐渐发达，造就了饮食业的迅猛发展，很多的北菜不断南移。当时菜谱中京都烧腊就有烧乳猪，也开始成为广州久盛不衰的粤式品种之一。而烧乳猪除保留在清明节和重阳节等日子作为祭品之外，在婚宴上，则代表女方为初婚的黄花闺女。

据山东的一位前辈老厨师回忆，在他清朝末年间初入行时，只见过他的前辈制作过一次烧乳猪，之后此品种的制法就像人间蒸发般而销声匿迹，直到他退休也再没听说过了。而那时之后不长时间，烧乳猪已逐渐在广州生根落户。到了20世纪40年代，广州有一间设在宝华路前身叫谟觞的银龙酒家，特聘了一位姓梁的厨师主理此菜式。这位厨师不负所托，经他改良后主理的烧乳猪突出了皮脆肉甘、皮色红润的特点，因而一炮打响，不仅令烧乳猪成粤菜的佼佼者，也令他成为粤式烧乳猪的鼻祖。

在20世纪七八十年代，在中国香港一次盛宴的筹备中，穗港两地的烧烤师傅们，对一直风行的光皮乳猪进行了彻底改进，令烧乳猪的烹饪制作到达了顶峰，达到松脆可口、入口即化、香口异常的境界。因烧制成品后，犹如芝麻的细孔般遍布乳猪表皮，故改称麻皮乳猪以作区别。

一、麻皮乳猪

麻皮乳猪是远古时代的炮豚和近代的光皮乳猪等制作的继续发展，较成型于20世纪七八十年代，这一制法除不断完善之外，直到现在还没有被突破，也可算得上粤菜烧烤界的一大成就和贡献。它的雏形是经穗港两地的烧腊师傅们不断摸索的一大例子，从糖浆配方的改变，区别于光亮之身的光皮乳猪；突出了入口即化的特点，从而淘汰了光皮乳猪的入口硬化的感觉，也因此显露出光皮乳猪制作方法的弊端。所有这些，读者可以在下面的介绍中作一一对比。其实这一品种的创制也是出于偶然，据说，在20世纪七八十年代，中国香港有一富商为举办一个盛大酒会，要求承办的厨师做到菜式没骨、香口且极具高档，当时就点名要求有金猪以利大展宏图。当时中国香港大部分食肆都没有做烧乳猪这个品种（都是做俗称烧肉的烧大猪品种），唯有回内地求教。说来又话长，当时内地只有粤菜有烧乳猪这个品种，由于都是光皮乳猪，略有馋口和韧皮的感觉，得改配方以作适应。胜在当时的厨师功高艺熟，经多次研究终于创制出由酒、醋、糖做的麻皮乳猪糖浆。

（1）**原料**　乳猪1只（4500~5000g）。

（2）**糖浆配方**

配方1：白醋500g，玫瑰露酒50g，麦芽糖40g。

配方2：白醋300g，大红浙醋200g，玫瑰露酒50g，麦芽糖40g。

配方3：白醋500g，大红浙醋100g，曲酒60g，蜜糖20g。

（3）**五香盐配方**

配方1：精盐500g，幼砂糖350g，八角5g，五香粉10g。

配方2：精盐500g，幼砂糖350g，丁香粉5g。

配方3：精盐350g，幼砂糖150g，砂姜粉50g，芝麻酱50g，花生酱50g，乙基麦芽酚10g。

（4）**佐料**　幼砂糖、乳猪酱适量。

（5）**制作方法**

1）开膛：猪头向己，皮朝下，用左手握紧猪手，右手用刀切开猪下巴肉，然后用刀中砍在猪尾脊骨。先确定好剖开脊骨时的刀位，再用刀尖小心地剖开整条脊骨及猪头骨。用交叉手扳开猪头，取出猪脑，再横向两刀，一刀在颈骨与脊骨交合处，然后剔除这前三根脊肋骨，接着用刀尾剖开排骨与肉的交合处，找出扇骨与猪筒骨的交合处的那条白线，顺势切离，再用刀尾刮净扇骨上的肉，再顺势用刀起出。接着用刀尖顺锁骨切下去，再在锁骨上横切几刀以利快熟，再用刀将猪脚筋切断，以利上叉时方便捆绑。其后将猪尾向己，用同一顺序和方法再将另一边的部位处理好，撕下板油即可。

注意：在开膛的整个过程中不要弄破猪皮，以免影响美观等。

2）渌皮：传统的方法是先上叉后渌皮的，这样既浪费水和能源，又费时费工。因此师傅们大胆地做出改变，如此一变，从工序的速度和成本的效益，特别是成品的效果，都有极佳的改善，所以现今普遍接受这一做法。先用钢桶煮开水，放入适量的嫩肉粉，然后用挂钩钩住乳猪的锁骨，放入有嫩肉粉的开水中，略滚2~3min。马上将烫好的乳猪投入流动的清水中过冷，待乳猪完全冷却后，即可挂在铁架上，让它自然流干水分。

3）上叉：待水分自然流干后，将乳猪皮朝下平躺在工作台上，用五香盐涂均骨与肉，略腌数分钟。然后用乳猪叉顺着小腿锁骨、第三条排骨再穿入牙骨底，再用长木撑压在脊骨，两条短木撑分压在排骨与小腿锁骨位。接着用细铁丝分别捆好猪手和猪脚，最后反转乳猪，用手掌轻轻拍平猪身即可。

4）上皮：待乳猪上好叉后，将乳猪皮朝上躺在工作台边，用少量的嫩肉粉洗净猪皮上的油脂和残留在猪皮上的五香盐，再用清水冲洗干净。然后用干毛巾抹干猪皮上的水分，接着用油扫均匀地扫上麻皮乳猪糖浆。

5）焙腔：在上叉的同时，就应在烧烤炉中将炉火点燃，待火旺和炉温够热后，即可挂入涂上糖浆的乳猪。此时应猪腔朝火，猪皮朝炉壁。先旺后慢的炉温将猪皮焙干，然后焙约60min至肉熟。

6）晾冻：待乳猪焙至表皮特别是颈背部位硬爽后，即可将乳猪钩出，挂放在干爽通风的地方，待它自然凉透。

7）烧烤：待乳猪自然凉透后，点着明炉炭火，然后右手拿着毛巾托着猪叉，左手按着叉上木棒不断转动乳猪。首先烧猪腔，目的是将猪腔内的水分略微烘出，之后按尾部、腩部、颈部再到猪头的顺序迅速转动慢慢使乳猪受热。待乳猪皮转白正准备变红的时候，即可大胆地减慢乳猪转动速度，让猪皮大面积地受火令猪皮爆起麻皮，这样边起麻皮边迅速地扫上生抽。此时扫生抽的目的是，一可降低和平衡猪皮的温度，避免烧焦；二可利用油温帮助爆起麻皮；三可油润猪皮。在爆颈背部位时，要特别小心，因为颈背部位的猪皮较薄和较嫩，故较容易起麻，也因此容易被烤焦。待乳猪均匀地爆起麻皮后，再迅速转动以令猪皮色泽均匀和令猪皮更松化。麻皮乳猪的最佳色泽是均匀的枣红色。待烧烤过程20~25min后（奶猪10~15min），用铁针分别刺入颈背和臀部，如都流出清油即证实乳猪被烧熟。

（6）制作要点 在烧烤麻皮乳猪期间，同样会出现如起泡、爆皮、起麻不匀等现象，可用以下方法避免：

1）起泡：有以下情况可能出现起泡现象，一是使用雪藏冻乳猪。因为它极有可能因雪藏过长，令肉质纤维变坏，容易储存过量水分，所以最好选取新鲜乳猪；或者虽然雪藏时间较短，但是乳猪有冻伤、有变白现象。二是火力过猛焙猪。因为火力过猛焙猪容易使乳猪中的油脂部分液化，在烧烤的过程中使液化的油脂膨胀。避免的方法是焙猪时火候掌握得当。

2）爆皮：有以下情况可能出现爆皮现象，一是乳猪太瘦，因此最好选取较肥厚的乳猪。二是猪叉大乳猪小，因此一定要选取合适的乳猪叉。

3）起麻不匀：出现这种现象，一是猪皮本身毛孔眼太粗；二是表皮在上叉时没有拍打平滑；三是乳猪不够肥厚；四是焙猪不够干爽；五是焙猪时火力过猛令皮层的油脂溢出封闭着皮层，导致糖浆不起作用；六是起麻的时间掌握不好，以及没有做到大面积起麻；七是曾经起泡或者出现暗泡没有及时发现。

（7）知识拓展

1）在麻皮乳猪的糖浆中，白醋或醋精及大红浙醋起脆化作用，玫瑰露酒或曲酒等酒类起松化作用，麦芽糖（饴糖）、葡萄糖或蜜糖起焦化着色的作用，同时也起脆化作用，嫩肉粉则起松化肉质的作用。

2）麦芽糖（饴糖）、葡萄糖和蜜糖如在同一分量做焦化效果比较，蜜糖的焦化速度最快，而麦芽糖（饴糖）和葡萄糖几乎相同，因此在调糖浆时，一份麦芽糖（饴糖）或葡萄糖，就可以用半份的蜜糖代替。

3）不论光皮乳猪还是麻皮乳猪，在实际操作上，除有指定或预留作片皮猪之外，都会将猪手脚斩去，在斩猪手（前脚）时可斩至尽头，但斩猪后脚时只可斩至关节外，以利上叉时捆绑铁丝。

二、光皮乳猪

光皮乳猪是以其烧烤成品后有如玻璃光滑的猪皮而得名。据资料介绍，早在20世纪40年代开设在广州宝华路的银龙酒家出品的光皮乳猪，以其味道中和、皮脆肉甘而闻名各地。光皮乳猪在制作上有两种方法，一种为挂炉烧，另一种为明炉烧。从成本效益上看，如果成批制作，则前者划算，但如果少量生产则以后者为佳。

1. 挂炉烧制法

（1）**原料** 乳猪1只（4500~5000g）。

（2）**糖浆配方** 白醋50g，麦芽糖75g，清水250g。

（3）**五香盐配方** 精盐350g，幼砂糖150g，八角粉5g，五香粉10g。

（4）**佐料** 幼砂糖、乳猪酱适量。

（5）**制作方法**

1）开膛：首先皮朝下，猪尾向己，左手握着猪手，以固定猪身，右手用刀先切乳猪下巴肉，见骨后，用刀尾在中骨砍上几刀以确定剖开脊骨的刀位。然后剖开猪头骨，再横刀在猪头骨与猪脊落刀，斩断脊骨，再离其约5cm的脊骨处落刀，顺带起出这段脊排骨。然后交叉手，扳开猪头骨，取出猪脑，撕下板油。其后再延脊骨中线将脊骨剖开，不可穿皮。

到小腿时，左刀尖右刀尾落刀，切离小腿锁骨的腿股肉。之后再用刀尾剖开胸部位的排骨与肉的粘连处，寻找柱骨与扇骨的白线，此时用刀切下去，便可分离柱骨与扇骨。用刀刮去扇骨表面的肉膜，再用刀尾起出扇骨即可。其后则将猪头向己，用刀尖切离另一边小腿锁骨的腿骨，再用刀尖剖开另一边的胸部排骨与肉的粘连处，如前法起出扇骨。此时即开膛完毕，在开膛的全过程中，要绝对保证不能剖穿猪皮，否则会影响之后的制作。

2）上叉：将乳猪皮朝下平躺在加工台上，用五香盐均匀涂在肉和骨上，用烧鸡环钩起，略腌数分钟，以利乳猪中的水分排出和入味。然后用挂炉乳猪叉，按小腿锁骨、第三条排骨，再顺牙骨底穿入。用长木条压放在脊骨上，再用两条短木条分别压在排骨与小腿锁骨位，待木条确定后，用细铁线分别捆绑固定猪手和猪脚，其后反转猪身，检查猪身表皮是否平服，否则用手轻轻拍平即可。

3）渌皮：用开水，按猪头、猪背、猪尾的顺序，将乳猪皮烫紧，然后用凉水洗净，特别是残留在猪皮上五香盐中的糖分，再用干布吸干乳猪皮上的水分备用。

4）上皮：开好的糖浆用油扫均匀涂在烫好抹干的乳猪上，此时应小心别让其他水分溅到猪皮上，否则会影响乳猪烧熟后皮色的效果。

5）焙腔：待乳猪涂上糖浆后即可将乳猪挂入烧烤炉。乳猪挂入后，应将猪腔向火，猪皮向壁，焙火的全过程切不可盖上盖。这里要留意火候，基本上是先旺后慢，阴火焙干，目的是将猪皮焙至干爽。因为焙皮不干爽，会直接影响乳猪烧制后的脆化程度，以及在烧烤过程中容易产生起泡现象。

注意： 切记不可图快，采用全过程猛火焙猪，这样容易令乳猪的油脂受热融化，使猪皮和猪肉分离，以至在烧烤过程中，令乳猪出现大面积起泡现象。这样一来会极大地影响乳猪的美观，二来会令乳猪烧制后的脆化时间大大缩短。另外，要留意别将乳猪皮焙出油来，这样除与猛火焙猪效果相同外，还会影响皮色，所以猪皮硬后，就应马上取出，挂在通风处凉透。再有一点就是，万一在焙猪的过程中出现起泡现象（此现象多发生在冷藏乳猪身上），应马上用乳猪针轻轻斜刺穿猪皮以排出猪皮底的热气，但切莫刺入肉中，否则会令烧制后的乳猪皮上产生白点的花纹。

6）晾皮：待乳猪皮焙至爽硬后，马上从烤炉中取出，并将乳猪挂放在通风干燥的地方，以让乳猪慢慢冷却至常温。这一过程，除让乳猪皮肉中的水分尽可能排出外，最主要的目的是，可使皮下油脂恢复固态，以利后继的烧烤过程中减少起泡现象。

7）烧烤：拔出乳猪叉，烧烤前为防乳猪手、猪脚和猪尾在烧烤过程中被烤焦，可用铝箔锡纸包裹着这些部分。待炉温够热后，挂入乳猪，先内腔向火，皮向壁，盖上盖子，目的是烤去乳猪体内的水气，减少起泡现象，待估计乳猪已受热均匀时，即可将猪皮向火及将炉盖轻微打开。

提示： 此过程是体现技术的时候，主要掌握几个要点。首先是火候，切不可用明火烧烤，而是用适当的炉温；二是炉盖开启的运用，如炉盖微开则猪尾部分受热较多，如炉盖盖严则猪头受热较多，这是一个温度循环的道理；三是乳猪受火的位置，由于乳猪是弓背型，炉温和炭火不可能绝对均匀地烧烤至乳猪身上，所以要多观察乳猪的受火程度，如发现乳猪色泽较浅时，应将此部位转向受火的位置；四是如果烧烤途中出现起泡现象，应马上将猪取出，用乳猪针轻轻刺穿猪皮以排出猪皮底的热气，用油扫扫上生抽后即可继续烧烤；待烧烤25～30min，将乳猪取出，用铁针刺入猪背，如流出清油则说明乳猪已烤熟。

2. 明炉烧制法

（1）原料 乳猪1只，（4500～5000g）。

（2）糖浆配方 白醋500g，麦芽糖50g。

（3）五香盐配方 精盐350g，幼砂糖150g，砂姜粉50g，鸡粉20g。

（4）佐料 幼砂糖、乳猪酱适量。

（5）制作方法

1）开膛：与挂炉烧的开膛方法基本相同，也可以按麻皮乳猪的开膛方法处理。

2）上叉：与挂炉烧的上叉方法基本相同，不过明炉烧的乳猪叉有木棒套在叉子上，而挂炉烧的叉子则没有木棒，以利入烧烤炉烧烤。

3）淥皮：传统的淥皮方法如挂炉烧，它是先上叉后淥水，而新法则先淥水后上叉，具体的方法可参考麻皮乳猪淥皮的制法。

4）上皮：要点和方法与挂炉烧基本相同。

5）焙腔：要点和方法与挂明烧基本相同。

6）晾皮：要点和方法与挂明烧基本相同。

7）烧烤：挂炉烧与明炉烧的烧烤方法区别在于，前者是放入专用密封烧烤炉中烧烤而成，是被动的烧烤方法；而后者放在敞口的专用乳猪炉上用手转动着烧制而成，是主动的烧烤方法，完全靠人手转动烧烤而成。

明炉烧的具体制法，首先将烧烤炉点燃，然后准备毛巾、凳子、油盆、油扫、乳猪针和小刀。毛巾是用来盛托猪叉时使用，免得烫手；凳子是用来烧烤乳猪时坐的，以减轻工作强度；油盆是用来盛放生油，而生油在烧烤过程中起到油润乳猪、平衡猪皮温度等作用；油扫是用来涂油之用；乳猪针是用来防止乳猪在烧烤过程中出现起泡现象时，作散气之用；小刀是用来刮去部分烤焦部位时使用。

待炭火烧至通红时，即可放入乳猪。放入时切记猪腔首先向火，因为此时的炭火是最旺，如果猪皮先向火，表皮容易被灼热的炭火烤焦。然后一手按着猪叉上木棒，另一手拿着毛巾托着叉子，迅速转动乳猪，让炭火较为均匀地受热于猪皮之上，并不时扫上生油，以让乳猪油润和让油温令乳猪色泽均匀，待至乳猪皮身色泽金红，用针刺入厚肉部位流出清油即证实乳猪已被烧熟。

（6）制作要点 在烧乳猪的过程中会出现以下问题：

1）起泡现象，可以用乳猪针刺入，以散去泡内气体。

2）爆皮现象，应马上用火钳夹起火红的木炭，点压在爆裂的交接处，即可减少爆皮蔓延。当然，由于乳猪表皮过薄，这种现象是不可避免的，只能预先挑选肥大厚身的原料。

三、金龙乳猪

金龙乳猪是广州泮溪酒家的名师冯秋先生在其高师杨海先生的指导下，于1988年在北京举办的中国第二届全国烹调大赛获得金牌的品种。它是从传统光皮乳猪的制作方法演变创新而来，此菜式不仅吸收了光皮乳猪制作的精髓，更在红亮的猪背之上烧出栩栩如生的金龙，当色泽金红的乳猪搬到客人面前时，熠熠生辉的金龙，除令主人生光外，也会令现场的气氛即时沸腾起来。

（1）原料　乳猪1只（4500～5000g）。

（2）糖浆配方

①麦芽糖70g，白醋300g。

②麦芽糖80g，白醋300g，生粉5g，食用大红色素适量。

（3）五香粉配方　精盐350g，幼砂糖150g，味粉50g，砂姜粉25g，鸡粉10g，花生酱25g，芝麻油15g。

（4）佐料　幼砂糖、乳猪酱适量。

（5）制作方法

1）首先按光皮乳猪或麻皮乳猪中的方法将乳猪开腔、淥皮、上叉、上皮、焙腔。

2）待以上工作准备好后，将糖浆②配方加热搅拌成糊状，另外用一硬纸皮由美工画出美观的金龙图案，再用小刀雕刻掏空，然后将硬纸皮按在猪皮上，将糖浆②小心地扫入掏空的金龙之内，再放入烧烤炉中将乳猪焙至干爽。

3）在准备烧烤之前，再用毛笔点浓龙眼，即将金龙点活。最后按光皮乳猪的明炉烧方法，即可将活灵活现的金龙乳猪烧烤出来。

四、全体片皮猪食法介绍

一食：先准备好盛装乳猪的大碟和银盘，周边围上香菜叶，摆上装饰花草。碟中安放好猪托架，以备将乳猪平整地摆放。同时用味碟将乳猪酱、幼砂糖（用较深的碟底压成圆包状）和千层饼等备好。待乳猪烧好，猪头向下，用剪刀将眼睛戳穿。将灯珠从内向外固定在眼睛内，将捆猪手脚的铁丝除去，乳猪连叉摆放在工作台上。在耳后约3cm颈背处横切一刀，在尾部以上约3cm臀背再横切一刀，在猪背中线竖切一刀，分别在两边约6cm至腩位处竖切一刀，再在中线与腩边线中间位置各切一刀，共得4条乳猪皮。然后用刀小心片出，并清去皮上余肉，皮面向上，按原位置排列摆放在砧板上，再平均分出24件猪皮。将乳猪壳（不退木撑）放在已准备好的大碟和银盘上，将改好的24件猪皮按原位置摆回猪壳上，将灯珠按亮，用开边的红樱桃放在灯珠之上便可上台供客人享用。

二食：待客人将24件猪皮享用完后，由服务员收回至凉菜间，将猪嘴斜刀切出，切出猪舌，片出猪耳和猪尾，斩出猪手并且开边，将两边有皮的腩位斩成小件，放在乳猪碟中央，再将猪嘴、猪舌、猪耳、猪手和猪尾按猪型摆放，周边拌上香菜便可再次上台。

复习思考题

1. 简述明炉烧烤的风味特点和制作要点。
2. 分析麻皮乳猪和光皮乳猪在制作工艺上的异同。
3. 谈谈烧乳猪的历史渊源和它在中餐宴席中的地位。
4. 尝试创新3款明炉烧烤品种。

第二节 挂炉烧烤品种制作

挂炉烧烤也叫暗炉烧烤，是指使用封闭型的烧烤炉烤制。这种炉子烤制品种热量更为集中，可使原料周身同时受到高温烘烤，容易烤透。食物采用烧烤炉烧熟，是利用热力烧焗的原理。当烧烤炉底部加热，热力上升，热气积存于炉内，挂在里面的食物渐渐吸热致熟。

烧烤炉的优点是可以容纳更多的食物，在同一时间内受热致熟，节省燃料和人力，降低生产成本，而且方便卫生，可以说是近代烧烤的一大突破。

典故：三日“回门”大金猪

烧猪是广东的传统头盘名菜，其特点是皮松化、肉嫩滑，入口香脆。南粤地区吃烧乳猪风俗，有其特别的含义。按广州的旧时风俗，男家对过门的女子，很看重其处女之身。女子出嫁之日，娘家就为她准备一条洁白的帕子作为初夜之用。翌日，男家便将帕子挂出厅堂给众亲友们观看。如果帕子染有处女的血，不但男家感到光荣，就是众亲友也为之高兴。到第三天新娘“回门”，男家还要抬个大烧猪送给女家道喜，女家用此摆酒设宴，谓之“吃烧猪”。若帕子没血，不但男女两方亲友不高兴，女家也得不到烧猪，还会导致“还璧归赵”的风波。

俞博臣在《荷廊笔记》中对此有明确记载：“广州婚礼，于成礼之后三日返父母家，必以烧猪随行，其猪数之多寡，视夫家之丰啬。若无之，则妇为不贞矣。”所谓“闾巷谁教臂印红，洞房花影总朦胧，何人为定青庐礼，三日烧猪代守宫。”今日此风已不再，但烧猪这一经典菜式，却一直保留了下来。

一、原只烧大金猪

（1）**原料**　宰好光猪1只（约25kg），大猪上皮水150g，鲜柠檬1个（榨汁用）。

（2）**腌料**　乳猪盐1000g，玫瑰露酒100g。

（3）**制作方法**

1）切割处理（俗称“打大猪”）：用大刀顺着猪头下巴切开，再顺着猪脊骨劈至尾部，除去猪脑及猪身侧边的尿管；起出4条排骨和前膊骨（俗称“公仔骨”），但不要切断，要有肉根连在猪身内；起出琵琶骨（俗称“扇骨”），在厚肉部分切花刀（有助于快熟及易于入味）；去除网油，再用刀从脊骨边近猪腰部分，把柳梅连后腿赤肉片出，起出后豚骨（形似前膊骨），但不要切断，再在厚肉部分切数刀，劈开猪膝，取出膝盖连猪脚跟，便成“猪壳”。

2）去毛处理：将已打好的猪壳用大钩从尾部的盘骨钩入，吊起，用刮毛刀从上至下将猪毛刮净（如部分难刮的，切勿强行刮，否则会刮花表皮，可用喷火枪烧毛再刮），刮好后，用清水将猪壳洗净，晾干水分待用。

3）腌猪及上大猪处理：把晾干水分的猪壳摊平，猪皮向下，将腌味料（乳猪盐）撒落猪肉上，擦匀，骨隙位和厚肉处要多放些，而肉薄处要少放些，淋入玫瑰露酒腌制约1h。用大钩钩入两边盘骨位，吊起，用长木条在尾部两端平行穿入，用叉烧针穿入猪腩与猪脚筋平行位置，把猪腩与猪脚固定，再将短木条一头顶住猪尾脊位置，一头顶长木条，让猪壳固定。用铁丝将两只猪手扎紧固定。用热水冲洗猪皮，再用热开水由上至下淋透猪皮，使猪皮略微收紧，用干毛巾将水分抹去待用。

4）上皮水及风干处理：将抹干水分的猪皮扫上猪皮水，放入炉内用低温烘干猪皮（25~30min）后取出，用针插在猪皮上松针。松针后放在风口处吹干。

5）爆皮烧猪过程：把已风干的猪壳、猪尾部分（俗称“沙梨笃”）盖上已擦油的牛油纸或锡纸（防止烧焦猪尾），放入炉内（猪腔向炉胆），用中火烧15~20min（俗称“扣皮”），待整只猪壳暖透后，再转高温火，把猪身慢慢地由左至右或由右至左爆皮。爆皮期间，要预防猪身有大气泡出现（因松针时力度不均匀），如出现大气泡，要随即用针尽快将气泡刺穿，爆皮需时约10min。当整只猪身爆起皮后，要将尾部的牛油纸或锡纸取出，再将猪身转回入炉时的原位，再转中温火烧约40min，取出，将表皮烤焦的地方用刮刀刮去即可。

（4）风味特点 皮脆色金黄，肉甘香，有一股特别的荔枝香味。

（5）制作要点

1）注意劈猪时切勿伤及猪皮。

2）切除多余的肉时切勿切到肥肉，以防切到猪皮。

3）要趁猪身热度适中时松针，因为猪身过热松针会出油，过凉猪皮较硬，松针比较困难。

4）烧烤时间长短要视猪只大小而定，取出时滴出清油便熟。

5）最好以荔枝木做燃料，可令猪肉吸入荔枝木燃料的香味。

二、五香烧肉

五香烧肉简称烧肉或火腩，如整只烧烤又称烧猪或金猪，其烹调方法在中国已有数千年历史。古代曾称之为燔肉，因将作为牺牲品之一的猪只放在称为燔柴的木炭之上被烧熟而得名，也因此作为祭品和名菜演变出来。时至今日，烧肉这一品种在粤菜中生根发展，以它皮脆、肉滑、甘香而百食不厌。又因其色泽金黄，凡有喜庆典礼都被认为是不可缺少的食物。如婚宴、寿筵、弥月、祭祖、酬神、开张，以及清明、端午节等，莫不是以烧肉作为食物中的主角。

（1）原料　整块带皮五花腩肉3500g。

（2）糖浆配方　麦芽糖75g，清水250g，白醋50g。

（3）五香盐配方　精盐350g，幼砂糖150g，砂姜粉250g，鸡粉10g，花生酱25g，芝麻油15g，乙基麦芽酚5g。

（4）佐料　幼砂糖适量。

（5）制作方法

1）首先选用有皮的五花腩，改成长方块，用胡须刀刮净皮上猪毛。然后将五花腩投入煮滚的清水中慢火滚煮至六七成熟，取出再用清水过冷。

2）待五花腩完全凉透后，捞起晾干水分，用刀在瘦肉部位直拉数刀，并拉成大网状，便于肉质入味，但不可拉得过深，以免烧熟后变形。再用叉烧针离肉边约5cm的位置平衡地在皮肉中间穿入，以便更好地钩上烧鸭环。

3）将五花腩肉向下，皮向上，用铁针轻轻地在猪皮上插满小孔，然后均匀洒上嫩肉粉抹匀，腌制约5min。

4）用清水冲刷干净和用刀刮净表皮油脂，然后用五香盐均匀地涂在肉面上，再用油扫在皮面上涂上糖浆，用烧鸭环钩着叉烧针部位，挂入已烧至中火炉温的烧烤炉中开盖焙至干爽。焙火时皮朝火，肉朝壁。待五花腩表皮焙至干爽后，取出挂于通风处，让它自然凉透。

5）待五花腩凉透后，用锡纸包裹着肉面，以防烧焦，然后放入已烧旺的炉中盖上盖子先烧约5min，取出再用铁针插上小孔，以免在后继的烧烤中起泡和皮生壳。最后在表皮扫上一层生油，再放入炉中烧至色泽大红即可。

（6）风味特点　皮脆色金黄，肉质甘香。成品既可单独食用，亦可辅以配料焖炒，更具特殊风味。

（7）制作要点

1）选用的五花腩肥瘦要均匀，表皮要完整洁净。

2）挂肉要平整。

3）插针要均匀。

4）爆皮的火力要够，要均匀。

三、澳门烧肉

澳门烧肉又称白切烧肉或化皮烧肉，与广州新市一带所出品的新市烧肉一样，以皮松脆、肉甘香而驰名各地。在烹调制作方面，它与以上介绍过的五香烧肉有些区别。它一改以往用糖浆上皮的传统烧烤方法，改用粗盐涂皮以及使用猛火烧烤的制作方法，得出非常好的效果，又以它的特色开始普及开来。澳门烧肉的制作方法可分为生烧和熟烧等。

1. 生烧法

（1）**原料**　平整带皮五花腩3500g。

（2）**五香盐配方**　精盐350g，幼砂糖150g，砂姜粉25g，鸡粉10g，花生酱25g，芝麻油15g，乙基麦芽酚5g。

（3）**佐料**　幼砂糖适量。

（4）**制作方法**　制作此品种须选用皮薄而嫩的有皮五花腩，最好是行业中所称的挑骨花肉（即连接排骨的部位）。如用生烧的方法制作须分定形、预熟、打针、起麻、起焦、刮焦、回炉、修边等。

1）定形：在确定五花腩的部位后，用刀改至长宽约30cm的方块，用五香盐涂匀肉面，稍腌制数分钟后，先用两支叉烧针分别离肉边约5cm插入，再在两针中间多插一支，然后对角交叉各插一支，以确保五花腩在烧烤受热的过程中保持平整，不易卷曲变形。

2）预熟：用叉烧针将五花腩穿插好后，用锡纸将肉面封好，用烧鸡环钩好，肉面向火，挂入烧旺的烧烤炉中，微开炉盖，烧15～20min，以皮面稍熟为度。

3）打针（这过程又叫松针）：当皮面稍熟后，将五花腩取出，用特制的针耙密密地刺插入皮面。其目的是疏松皮面，令五花腩熟后更松化和避免皮面在烧烤的过程中出现起泡和生壳的现象。然后用粗盐或精盐涂擦皮面，目的是令皮面受味和洁白皮面。

4）起麻：待五花腩松好针后，重新挂入烧烤炉中。此时须将皮面向火，并且炉中的火力须猛，以利皮面在炉火闷热的高温下犹如爆火皮一样，将皮面爆起，此时会间断地听到啪啪的声音，当观察到皮面完全爆起后，可按以下步骤继续下去，否则，此时的成品就是广州新市一带传统的新市烧肉或嘉禾烧肉。

5）起焦：澳门烧肉关键在于将皮面烧焦，此时就须加入火力，以令炉中的火焰往上冒窜。当观察到皮面完全焦黑，随即将五花腩迅速钩出。此过程的关键既可控制色泽，又可控制皮面松化程度。因为澳门烧肉多取两种色泽，一种为纸皮黄，一种为枣红色。如取前者色泽，应在皮面刚焦黑后马上取出。如取后者色泽，则视皮面较大部分出现黑浆时取出。又以后者更为松化，但制作上不易控制。

6）刮焦：待五花腩取出稍晾，平躺在工作台上，用刀细心和运用阴力将皮面焦黑面刮去。如果皮面过于松化，可斜刀慢慢将焦黑面铲去，边铲边用毛巾抹净刀锋，以免弄脏皮面。

7）回炉：待皮面的焦黑部位刮或铲净后，在表皮扫上一层生油，将五花腩重新挂入烧烤炉中，皮面同样向火，中火至皮面被炉中的热力逼出油分后即可。

8）修边：待五花腩回炉油润后，取出，经风扇吹凉，再平躺在工作台上，除去所有叉烧针，用刀去掉烧焦的黑边，并且修理成方块即成。

2. 熟烧法

（1）制作方法　如采用熟烧，先煮肉。选用皮薄而嫩的有皮五花腩，用胡须刀刮净表皮猪毛和修改成长宽约35cm的方块后，放入煮滚的清水中（亦可适量地加入嫩肉粉），用“菊花心”水温，慢火煮至五花腩有七八成熟，捞起用流动的清水漂冷。其他程序如打针、定形、预热、起麻、起焦、刮焦、回炉、修边等与生烧法类似。

（2）斩件上盘　关于斩件上盘的问题，有改成长约4cm、厚约0.5cm的薄片，再摆砌上碟的做法，理由是可以去除五花腩的肥腻。亦有提倡改成约2cm见方的做法，以彰显表皮的松化。

（3）风味特点　皮酥脆松化，色泽金黄油亮，肉质甘香。成品既可单独食用，亦可辅以配料焖炒，更具特殊风味。

（4）制作要点

1）选用的五花腩肥瘦要均匀，表皮要完整洁净。

2）五花腩煮时不能过熟，否则烧烤时容易皮肉分离。

3）挂肉要平整。

4）插针要均匀。

5）爆皮的火力要够，要均匀，烧焦表皮即可刮皮。

四、蜜汁叉烧

蜜汁叉烧又称为插烧，风味又分南叉烧和北叉烧，前者堪称是粤菜烧烤特色的一个典范，甚至是国粹。它采用精中带膘的外脊肉，使烧出的成品软滑甘香，酥中带汁，令人回味无穷，不独粤人喜欢，外地人同样赞不绝口，甚至于远在海外的华侨都不忘在国外食肆供应。

（1）原料　一字梅5000g。

（2）**腌料**　精盐100g，生抽50g，柱侯酱25g，幼砂糖400g，五香粉10g，八角粉5g，山西汾酒150g，芝麻酱75g。

（3）**蜜汁**　麦芽糖1000g，清水100g。

（4）**制作方法**

1）腌制：将一字梅用刀改成长约25cm、宽约5cm、厚约2cm的肉条，用清水漂清肉中血色，晾干水分后，放入已经调好的腌料钢盆中，翻搅均匀；每隔15min翻搅一次，以便肉条均匀受味，腌45min左右即成。

2）烧烤：将腌好的肉条用叉烧环或叉烧针扁平串好，穿时叉烧环或叉烧针应离肉头约3cm处穿入，以防肉条烧熟后掉叉。然后待达到足够炉温时，将穿好的肉条放入，微打开炉盖，令热气在烧烤炉中更好地循环，以及控制炉温，不至出现上熟下生、下熟上焦的情况。此时在一边观察，视情况将炉盖开启的位置不同转换和开启的大小加以控制，以利肉条在烧烤中充分受热。烧烤大概30min，肉条流出清澈的油水时，证明肉条已经烤熟，即可将叉烧取出，如有部分烧焦点（俗称火鸡），用剪刀剪去，再淋上必备的蜜汁即可挂出明档。

注意：

如上菜时不淋蜜汁，改淋面酱汁则称为炭烧酱烧肉。

小知识：蜜汁在烹调制作方面有4种形态，第一种是将糖先用少量的生抽稍炒，然后加入水化开，再放入主料熬煮，令主料熟烂而糖汁收浓；第二种是将主料加入幼砂糖或冰糖先行蒸熟，再将糖熬浓淋到主料之上；第三种是直接将蜜糖淋到已炸熟的食品当中，这3种基本上都是厨房菜式的制作；第四种称作糖胶，是先将麦芽糖加水用慢火熬成胶，在烧烤制品成熟后用其淋上的方法，又因麦与蜜在粤语同音，故称为“蜜汁”。它的好处是增加烧烤食品的风味，以及增加烧烤食品挂档时的光泽。

关于梅肉的“梅”字取自现在不通行的古字“脢”，意为精肉，现已约定俗成叫梅肉或者“枚肉”。

五、脆皮叉烧

所谓的脆皮叉烧实为过去传统的烧上叉的变通，为20世纪90年代中末期的一个烧烤新品种。当初设计此品种的技师深懂糖与肥肉的化学反应，深懂蛋清（白）加温的效果，深懂炉温对肥肉的效果。如此种种，简直是对原料的应用、烧烤的应用乃至烹饪的应用达到炉火纯青的地步。不过开始时，不明事理的仿冒者却引出多种冒牌的脆皮叉烧，归结有：日本天妇罗式的裹蘸脆浆酥炸脆皮叉烧；中国北方冰糖葫芦式，待叉烧烧熟后裹淋糖浆再冰冻的脆皮叉烧；西方吉列式，待叉烧烧熟后，压裹上面包糠再酥炸的脆皮叉烧。其实，当真正了解了脆皮叉烧的制作技巧后，以上种种的制作方法都是对烧烤法的肤浅认识所致。下面介绍两款常用的脆皮叉烧制作方法。

方法一

（1）用料 去皮五花腩5000g。

（2）腌料 幼砂糖450g，叉烧盐100g，花生酱150g，芝麻酱25g，鸡蛋清（白）50g。

（3）制作方法

1）腌制：将去皮五花腩改成宽约3cm、长约20cm的肉条，用干毛巾吸干肉质水分，便于鸡蛋清（白）更好地黏附在肉条上。另用钢盆将幼砂糖、叉烧盐、花生酱、芝麻酱和鸡蛋清（白）调开腌汁，将吸干水分的肉条放入，腌约45min，每隔10min翻拌一次，以便肉条受味。

2）烧烤：待肉条受味后，用叉烧针将肉条扁平穿上（即从肥肉与瘦肉间穿入），最好再穿上保险针（即在底部再多穿一条叉烧针），然后挂入微火的烧烤炉中，盖上炉盖，以较低的炉温将叉烧烧熟。其道理为幼砂糖作用在肥肉上，会大大降低油脂的成分，这样出来的效果就是人们常用的冰肉，如果冰肉再用较低的温度烘焐，油脂大量慢慢渗走，此肉则有脆化或酥化的效果，如果加上鸡蛋清（白）的酥化效果，此叉烧则为脆皮叉烧了。

方法二

（1）用料 猪颈肉5000g。

（2）腌料 叉烧盐100g，幼砂糖400g，花生酱50g，芝麻酱30g，鸡蛋清（白）25g，泡打粉1g。

（3）制作方法

1）腌制：由于猪颈肉（其瘦肉与肥肉较其他部位的肉质紧与密，有爽、脆的效果，故是制作脆皮叉烧的上好材料）通常只有巴掌大小，只要将其改成宽约3cm的长条即成。然后放入钢盆之中，加入已和匀的叉烧盐、幼砂糖、花生酱、芝麻酱再拌匀，腌约45min，每隔10min翻拌一次，以利肉条受味均匀。

2）烧烤：将腌好的肉条用叉烧环或叉烧针扁平串好，因为肉条肥肉较多，穿肉时叉烧环或叉烧针应离肉头约3cm处穿入，以防肉条烧熟后掉叉。然后挂入微火的烧烤炉中，让肉条的油脂在低温中慢慢渗出，待烧至肉条硬身后取出，涂上用幼砂糖、鸡蛋清（白）和泡打粉开好的脆皮剂，再将肉条挂入烧烤炉中，同样以较低的炉温烧焗，至肉条熟透即成。

注意：第一种腌制和烧制方法为始创脆皮叉烧的方法，但对肉料和炉温的要求甚高，如炉温过高则较难做到脆皮的效果，且摆放的时间亦不能过长，否则同样会软化；第二种方法，由于附上一层脆皮剂，脆皮效果明显，但太过甜口，用泡打粉时不能太多，否则鸡蛋清（白）过分起泡，也会失去脆皮的效果。归结两种方法的炉温问题，无可置疑都须用较低的炉温，且烧烤的时间不能太长，否则肥肉油脂渗出太多，同样做不到脆皮的效果。

由于脆皮叉烧很大程度上依赖鸡蛋清（白）或脆皮剂导致脆皮，因此可运用此原理创制出绿茶味、香蕉味、花生味、蒜香味等不同口味的脆皮叉烧。

六、炭烧猪颈肉

炭烧猪颈肉源于泰国，其腌料与粤式的叉烧有区别，都是用泰国特色的香料，故风味较为特别。泰国是较喜欢使用香料的国家，为东南亚风味的组成部分，菜式会根据不同地区的气候决定咸、辣、酸、甜的强弱，一般分为3大菜系风味。第一是以清迈为中心，带有乡土风味的泰北菜系，由于地处山区，日夜温差变化大，菜式制作较偏重干劲辣和大酸的口味；第二是以曼谷为中心，称为快餐风味的中部菜系，此处长年气温高达40℃左右，胃口较差，故味道以大酸、大甜、浓香和小辣为主；第三是以布吉为中心，称为都市风味的泰国菜系，这一带的菜式则以曼谷的中部菜系为基础，融合马来西亚的口味，又别具一格。

（1）用料 猪颈肉5000g。

（2）腌料 精盐80g，生抽50g，鱼露150g，幼砂糖400g，香叶2g，香茅50g，柠檬叶75g，罗勒25g。

（3）佐料　香柠汁适量。

（4）制作方法

1）腌制：将猪颈肉改成大块，用精盐、生抽、鱼露、幼砂糖、香叶、香茅、柠檬叶和罗勒开好的调味汁腌约30min，每隔15min翻一次，以便猪颈肉均匀受味。

2）烧烤：待猪颈肉受味后，用叉烧环逐条将肉条穿上，挂入有足够炉温的烧烤炉中，微开炉盖，中火烧熟即可。由于炭烧猪颈肉块头较粤式的蜜汁叉烧大，故烧烤的时间也应相应增加。上菜时，待炭烧猪颈肉切片砌上碟后，再在上面挤入香柠汁，或让客人自行添加。

七、香烧桂花扎

香烧桂花扎据说是始创于广州北园酒家的一种烧烤食品，其用料全是一些比较常见的粗料，但经此搭配和制作，马上烹烧出色彩绚丽、肉质鲜爽、甘香味纯的食品。它不仅是佐酒美食，同时也是生拼盘的色彩搭配的理想原料。

（1）原料　肉眼（里脊肉）500g，糖冰肉500g，猪网油500g，咸蛋黄21个，鸡蛋200g，鸭肠7副。

（2）腌料　精盐5g，幼砂糖50g，山西汾酒20g。

（3）制作方法

1）腌制：先将肉眼（里脊肉）用刀片成长宽约18cm、厚约1cm的薄片，用精盐2g、幼砂糖10g、山西汾酒5g腌透，用叉烧环摊平挂起，略微风干。糖冰肉同样片成长宽约18cm、厚约1cm的薄片。由于糖冰肉油脂大故较为粘刀，所以在片肉时最好将刀烫热，然后边烫边片，便会较快地片出冰肉片。鸡蛋去壳打成鸡蛋液，热锅涂上生油，滚锅煎出薄蛋皮。咸蛋黄在平盘上摊平，放入蒸炉蒸熟。鸭肠用开水烫熟，过上冰水，以防鸭肠受热后霉烂。将肉眼（里脊肉）片摊开，上铺冰肉片，然后铺蛋皮，再铺猪网油，最后放入咸蛋黄，然后卷成圆条，再用鸭肠直捆一圈，再从一端将鸭肠一层压一层地横捆肉卷直至捆至另一端为止，用筷子将鸭肠尾端塞入肉卷中便可。用剩余精盐、幼砂糖、山西汾酒和匀腌约45min。

2）烧烤：用叉烧环离肉端5cm处穿入，即可挂入烧旺和足够炉温的烧烤炉中。微开炉盖用中慢火烧约30min，在烧烤期间须将背火一面转向火，以保证肉卷受火均匀。其后用手捏肉卷无弹性和肉卷滴出清油为熟，此时便可取出，淋上糖胶，拿到明档挂棚。

八、串烧金钱鸡

这款又称作串烧三夹肉的菜肴，是20世纪二三十年代粤菜烧烤名牌食品之一。相传民国初年，由一间在旧广州惠爱七约（今中山五路和广大路附近）的叫陶陶居饮食店的食肆所创，为当时的名厨许福主理。它虽然与鸡肴菜式风马牛不相及，但其美味足以驰名广东、香港和澳门，可见此菜的魅力之处。

（1）**原料** 肉眼（里脊肉）500g，肥肉500g，金华火腿皮250g。

（2）**腌料** 山西汾酒20g，生抽80g，幼砂糖25g。

（3）**制作方法**

1）腌制：将肉眼（里脊肉）、肥肉、金华火腿皮或猪肝分别改成直径5cm的金钱形肉条，肉眼（里脊肉）片出约3cm的薄片，肥肉片出2cm的薄片，如用猪肝则片出3cm的薄片。其后，肉眼（里脊肉）用山西汾酒、生抽和幼砂糖腌好，猪肝用山西汾酒腌好。待将肉片腌入味后，以一片肉眼（里脊肉）片、一片肥肉片和一片金华火腿皮或猪肝片的顺序将所有肉片串入叉烧针上，两边套入红萝卜（甘笋）以固定肉片。

2）烧烤：待肉片串好后，用烧鸭环平衡钩起，放入有足够炉温的烧烤炉中，微开盖，中火烧约45min，如担心顶部容易烧焦，可盖上锡纸或湿砂纸；等肉片滴出清油，即可取出。用剪刀剪去火鸡（烧焦点），淋上糖胶便可挂出明档；出菜时每件三块肉片的金钱鸡跟一件荷叶卷。

九、脆皮烧鹅

在清光绪年间的《广州竹枝词》中记载：“广东烤鸭美而香，却胜烧鹅说古冈（今新会），燕瘦环肥各佳妙，君休偏重便宜坊”，可见烧鹅与烧鸭在粤菜之中已早负盛名。在二十世纪七八十年代的改革开放之初，作为广州最普遍和最受欢迎的烧烤肉食，以它的色泽金红、皮脆肉嫩、味香可口的特色，在省城各大街小巷的烧卤店随处可见，也因此造就广州第一、二代的万元个体户。

（1）**用料** 黑鬃鹅1只（约3500g）。

（2）**脆皮糖浆配方**

配方1：麦芽糖100g，白醋500g。

配方2：蜜糖50g，大红浙醋200g，白醋200g，曲酒100g。

配方3：白醋2500g，曲酒1500g，大红浙醋500g，蜜糖250g，麦芽糖750g，柠檬片250g。

（3）**五香盐配方**　精盐350g，幼砂糖150g，砂姜粉25g，八角粉10g，鸡粉10g，花生酱25g，芝麻油15g，乙基麦芽酚5g。

（4）**佐料**　酸梅酱。

（5）**制作方法**

1）上腔：选用开肚腔取脏和去翼去掌的黑鬃鹅，将约200g的五香盐或酸梅酱用手涂匀鹅腔，并且同时放入两粒八角、一小块姜块和3粒蒜肉，然后用鸭尾针缝好肚腔，再用气泵将鹅身打胀。如用口吹，则用左手翻起喉管切口的颈皮，右手拿住双翼，用力按住肚腔缝口，再慢慢地将气吹入，以吹胀鹅身。

2）烫水：待光鹅打胀气后，用手拿着鹅腿关节，将鹅头放入开水之中（亦有加入少量嫩肉粉，以帮助松化），迅速烫过，然后再换手握住鹅颈，将鹅身同样放入开水之中，将鹅身稍微漂匀烫紧（时间切莫过长，以免表皮过熟而出油）。其后将光鹅放入清水中，以将鹅身稍微漂冷，以避免光鹅受热过长溢出油脂，而影响皮色和脆化程度。

3）上皮：待光鹅漂冷和晾干水分后，用开匀的糖浆涂匀光鹅全身，特别要重复涂刷两边鹅髀（腿），然后用烧鸭环从鹅翼底钩起，将鹅头绕转夹在烧鸭环的钢圈内，再将鹅翼整理帖服，由于鹅翼较长，无须像烧鸭那样将烧鸭环的钩子刺入翼底。

4）焙皮：待光鹅上好糖和用烧鸭环钩好后，将鹅背向火，胸向壁，钩放入微火的烧烤炉中，用慢火低温开盖焙至表皮干爽，然后再放在风扇前将鹅身吹凉。

5）烧烤：待鹅身吹凉后，点燃烧烤炉，待木炭燃烧至中火和烧烤炉达到高温，将鹅挂入炉中，同样是将鹅背向火，胸向壁，盖上炉盖，焖烧约15min。此时应打开炉盖观察鹅腿是否均匀上色，否则应将没有着色的鹅髀（腿）向火，以令鹅身均匀上色。烧至鹅只双眼稍突、色泽金红即可；也可在鹅只烧至金红色后，取出并将鹅只平放，视开腔处有滚滚的清水溢出即代表已被烧熟。但切莫将开腔处向人或向己，以免被开腔处溢出的油水烫伤。另外，如将烧鹅取出时，其胸肉表皮迅速收缩也可视作被烧熟的表现。鹅只烧熟后，趁热用油扫涂上生油以增加光泽。

注意：

1）由于鹅的油脂较鸭少且不均匀，故在烧烤过程中，其着色往往会较烧鸭难，特别是鹅腿部分，因此在传统上糖皮时，顺带用老抽涂在鹅腿部分，以防此部分不着色，但这样容易哑色；现在较流行用热油泼淋。

2）关于焙皮的问题，过去多将上好糖浆的鹅胚挂入带有微火的烧烤炉中，先期将表皮焙干，由于容易导致表皮出油而且糖浆鹅受热又起不了完全的化学反应，大大地影响表皮的脆化效果，同时脆化效果不持久。鉴于此，现在较喜欢用牛角扇吹干。

3）制作脆皮烧鹅除了以传统的五香盐和酸梅酱作为腌料外，还有充满桂花香的桂花烧鹅和芝麻香的骨香烧鹅。

4）制作脆皮烧鹅所选的鹅种非常重要，以黑鬃鹅为首选，其次是肥满骨嫩的肉鹅，如骨硬肉薄则较难烧出效果。

十、金陵片皮鸭

金陵片皮鸭是我国历史最久的烧烤鸭菜肴，片皮后的鸭皮展而不卷、油润光泽、脆而不腻，其菜式源六朝古都——南京地区的京苏大菜（南京菜），而自古就素有金陵鸭肴甲天下的京苏大菜，号称拥有烧烤八大叉，即叉烤鸭、叉烤乳猪、叉烤火腿、叉烤鱼、叉烤鸡、叉烤山鸡、叉烤酥方、叉烤鹿脯，其领先和独到的烧烤技术曾先后传播和影响到北京、四川和广州等省市；今天粤菜和烧烤制作，从明炉烧乳猪到挂炉烤鸭等，无不是受到古老的京苏大菜的烧烤技术的影响，从中吸收精髓发展而来。

（1）**原料** 北京填鸭1只（约2500g）。

（2）**糖浆配方** 麦芽糖50g，白醋50g。

（3）**佐料** 葱白花、甜面酱、青瓜丝、薄饼适量。

（4）**制作方法**

方法一

1）取脏：待北京填鸭去净毛，斩去鸭掌翼，然后在左边翼底开小孔，用食指从肛门伸入内腔，挖松内腔筋膜，再从小孔依次序取出鸭穗窝、鸭肾（肫）、鸭肝、鸭肠、鸭心、鸭肺、鸭喉管和鸭屎袋，再用清水冲洗干净便可。

2）填胸：将已从翼底开口并取出内脏的填鸭放在工作台上，先用双手压断胸骨，然后翼口向上，将葱叶塞住肛门，再放入少许的花椒，及用泡软的荷叶填满鸭腔，使鸭身饱满，再用手捶匀鸭身。

3）上叉：将烤鸭叉从两鸭腿下裆穿入，通过鸭腔，从鸭肩中间偏背戳穿，再将鸭头由左向右方向弯转，合叉尖插紧鸭下巴。

4）上糖：待鸭子上好叉后，用开水烧烫鸭身，使鸭皮收缩绷紧，然后用开匀的糖浆涂匀鸭子的全身，放在通风干爽的地方，让其自然风干。

5）烧烤：待鸭子风干至表皮硬爽后，在长55cm、宽40cm，前高后低的特制烧鸭炉中点燃木炭，再待木炭火红后，左手拿烤鸭叉尾，右手拿着叠好的毛巾托住离烤鸭不远的叉柄上，将鸭放入炭火之上，不断转动，先烤两肋，后烤胸位和背位，视鸭肉成熟时，将火拨旺，用油扫沾上芝麻油涂在鸭皮上，边涂边急速转动烤鸭叉，待鸭皮吱吱作响，表皮微微冒出油花，皮色呈金红色即可。

方法二

1）填：按以上介绍过的方法将鸭子弄至饱满平服。

2）淥皮：将鸭子放入开水中迅速烫过，以令鸭皮均匀收紧，然后放入清水中漂冷。

3）上皮：待鸭子漂冷和晾干表皮水分后，将鸭子放入开匀的糖浆中涂匀，然后用烧鸭环钩起鸭下巴，挂入烧烤炉中用慢火微温焙干。

4）上叉：先用沾湿的双手将鸭脖皮揉软，然后才用烤鸭叉从两腿下裆穿入，通过鸭腔，从鸭肩中间偏背戳穿，再将鸭头由左向右方向弯转，合叉尖插紧鸭下巴。

5）烧烤：可按制作方法一制作。

十一、北京片皮鸭

北京片皮鸭又称北京烤鸭，其历史也非常悠久，在元、明、清历代已被记录入选为宫廷的御膳佳肴；元代的《饮膳正要》中，就有烧鸭子（即烤鸭）的记载；明代的《明宫史·饮食好尚》中也有烤鸭的记述。到了清代，宫廷中喜食烤鸭者更疯狂，据清代的《五台照常膳底档》中记载，乾隆皇帝在13天的饮食中就连吃烤鸭8次。故此前人曾评说：京师美肴，莫妙于鸭，而炙者尤佳。时至今日，北京烤鸭更是身价倍增，饮誉中外，北京游者莫不以不到长城非好汉，不吃烤鸭真遗憾来生动描述。

（1）**原料**　北京填鸭1只（约2500g）。

（2）**糖浆配方**　麦芽糖25g，白醋50g。

（3）**佐料**　葱白花、甜面酱、青瓜丝、薄饼适量。

（4）**制作方法**

1）上顶：将宰杀去毛吹入空气再在右翼底开口取脏的光鸭放在工作台上，用一条9～10cm的一头分叉的小竹桶，从翼底开口处放入，用竹桶叉口压在脊骨，拨起竹桶平口顶在胸脯位，令鸭身饱满。

2）烫水：待填鸭上顶后，将填鸭放入开水中，迅速烫水，以使鸭身表皮收紧，再投入清水中漂冷。

3）上糖：待填鸭内外漂冷后，取出晾干水分，然后放入开匀的糖浆之中涂匀，再用烧鸭环钩紧双翼底，鸭头弯转固定在烧鸭环圈之中。

4）焙火：待填鸭上好环后，将填鸭放入烧烤炉中，用微火慢慢将鸭皮焙至干爽；待填鸭表皮干爽后，取出挂在通风干燥的地方，让填鸭自然凉透。

5）烧烤：将烧烤炉中点燃木炭，待至炉温足够以及木炭烧至中火时，取开水灌入鸭腔内，然后将填鸭挂入炉中，胸向壁，背向火，盖上炉盖，以文火烤熟，烧烤至色泽枣红及色泽均匀便可。

小知识：真正北京片皮鸭从木炭至烧烤炉都与粤式的烧烤方法有所区别，前者是以专用的木炭烧烤，且烧烤炉是开放式，而粤式烧烤在木炭上没有讲究，烧烤炉是焖焗式。

十二、港式片皮鸭

自20世纪70年代后期，中国实行对内改革对外开放政策，特别是让沿海地区先行一步，造就了广州经济蓬勃发展的契机，也令粤菜有了施展拳脚的大好机会，致使片皮鸭这个传统菜式的制作，也有了相应的发展和改革。港式片皮鸭就在这一时期诞生出来，它不仅吸收了南京菜系的金陵片皮鸭以及北京菜系的北京片皮鸭烧烤制作的精髓，而且体现其颇具特色的快捷制作方式，它是先用炭火烧至五成熟，待上菜前再热油烧炙，除令片皮鸭除色泽金红外，更令其皮脆肉鲜。

（1）**原料**　北京填鸭1只（约2500g）。

（2）**糖浆配方**　麦芽糖25g，白醋50g。

（3）**五香盐配方**　精盐350g，幼砂糖150g，砂姜粉25g，八角粉10g，鸡粉10g，花生酱25g，芝麻油15g，乙基麦芽酚5g。

（4）**佐料**　葱白花、甜面酱、青瓜丝、薄饼适量。

（5）制作方法

1）上顶：将宰杀后在右翼底开口取脏的光鸭放在工作台上，鸭头向己，鸭胸向上，用右手将一条长9～10cm并且一头分叉的小竹桶，从翼底开口处放入，先将竹桶叉口压在脊骨上，再用力拨起竹桶平口顶在胸脯位，而且要牢牢固定好竹桶，令鸭身饱满。

2）烫水：待填鸭上好顶后，将填鸭放入开水中，迅速烫水，以使鸭身表皮收紧，再投入清水中漂冷。

3）上糖：待填鸭内外漂冷后，取出晾干水分，特别是鸭肚内的余水，然后放入开匀的糖浆之中涂匀，再用烧鸭环钩紧双翼底，鸭头弯转固定在烧鸭环圈之中，用小竹筒或水草插入光鸭肛门，以利排清鸭肚内余水。

4）焙火：待填鸭上好鸭环后，将光鸭放入点燃木炭的烧烤炉中，用微火慢慢将鸭皮焙至干爽；待光鸭表皮焙至干爽后，取出挂在通风干燥的地方，让光鸭自然凉透。

5）烧烤：先用小漏斗从翼下小孔填入鸭腔适量的五香盐和两粒八角，然后将其放入点燃木炭和燃烧至中火的烧烤炉中，背朝火，胸朝壁，盖上盖烧约15min，让鸭肉达五成熟微带红色便可。

6）淋油：待片皮鸭即将上桌时，即将鸭子挂在油锅之上，然后一勺一勺地将温油从头至颈淋下去，待鸭身均匀地受热以及完全转白后，可改用稍热的油温进行淋油，这样鸭子的色泽便会成为枣红色，此时将肚内的余油从翼底倒出便可进行片皮。

小知识：片皮鸭可以四吃，一吃为片皮，二吃为炒丝，三吃为骨汤，四吃为鸭油蒸蛋。

十三、香烧琵琶鸭

炙鸭制作在历代不断发展和不断创新的过程中，从中分枝和衍生出多种烹调方式。在烧烤方面，就有以食皮为主的金陵片皮鸭、北京片皮鸭及港式片皮鸭；又有同时可以品尝到骨香、肉滑、汁浓、皮脆，南京菜系称之为加汁制作的潮莲烧鸭；以及风格特色与以上两种烹调方法截然不同，极具骨肉酥香、皮脆香口的香烧琵琶鸭。就其造型来说，古时便有秋食琵琶烧、冬食腊板鸭的说法，可见香烧琵琶鸭在烹饪史上的地位。

（1）**原料** 北京填鸭1只（约1500g）。

（2）**糖浆配方**

配方1：麦芽糖100g，白醋500g。

配方2：蜜糖50g，大红浙醋200g，白醋200g，曲酒100g。

（3）**五香盐配方** 精盐350g，幼砂糖150g，砂姜粉25g，八角粉10g，鸡粉10g，花生酱25g，芝麻油15g，乙基麦芽酚5g。

（4）**佐料** 面豉酱或乳猪酱适量。

（5）**制作方法**

1）开腔：将鸭子去毛后，用刀砍去掌和翼，然后用刀沿着鸭胸脯的中线将填鸭剖开，取出内脏，再用刀将鸭胸骨轻轻斩断，将鸭子压平。

2）上膛：将填鸭皮在下肉朝上放在工作台上，用150g的五香盐涂在鸭肉上，腌约15min，再用50g的乳猪酱重复涂在鸭肉上，然后用铁针交叉撑平和撑紧鸭身。

3）上皮：待填鸭撑好后，用开水将鸭皮均匀烫紧，然后用油扫将开匀的糖浆涂在鸭皮上，再用烧鸭环钩住鸭下巴挂入烧烤炉中用微火焙干。

4）烧烤：待鸭皮焙至干爽和凉透后，将鸭子挂入烧烤炉中，盖上盖用中火将鸭身烧至淡红色便可。

5）淋油：待香烧琵琶鸭即将上菜时，将填鸭挂在油锅之上，然后一勺一勺地将温油从头至颈淋下去，待鸭身均匀地受热以及完全转白后，可改用稍热的油温进行淋油，这样填鸭的色泽便会成为枣红色，便可砍件上碟。

十四、串烧鸭下巴

纵观中国的各大菜系，以鸭下巴作为烹调原料，除了天上飞的、地下爬的都敢于烹制的粤菜之外，可谓凤毛麟角。因编写这节时，翻阅了大量各大菜系的菜肴和外国有关烹调的材料，结果都是集中讲述如何烹制原只和斩件的鸭肴。鸭下巴虽然属于下脚料，但在粤菜烹调中师傅们却将它“变废为宝”，属下酒佐食佳品。

（1）**原料** 鸭下巴500g。

（2）**调料** 精盐10g，幼砂糖40g，生抽50g，八角5g，桂皮5g，陈皮5g。

（3）**佐料** 番茄酱或西汁适量。

（4）**制作方法**

1）腌制：先将鸭下巴洗净，特别是喉管内的什物，以及除去鸭舌上的白衣。

晾干水后，连同精盐、幼砂糖、生抽、八角、桂皮、陈皮和适量的橙红色素一起倒入钢盆之中拌匀。每隔15min翻拌一次，以利鸭下巴均匀受味，然后再适当调入少许的橙红色素，以利色泽鲜艳。然后将鸭下巴横插入叉烧环中，用锡纸包裹顶端，以免被炭火烧焦。

2）烧烤：待木炭在烧烤炉点燃和烧旺，可将鸭下巴挂入炉中，用中火微开盖烧约20min便可。如果所得的效果是焦脆酥香，可继续相应将烧烤时间延长。最后淋上糖浆就可挂出明档。

注意：串烧鸭下巴多是原只摆砌上碟，让客人自行手抓而吃，故应在出菜前，用锡纸包裹部分鸭嘴，以便客人进食时干净卫生。

十五、南乳吊烧鸡

南乳吊烧鸡又称乳香吊烧鸡等，有一说法是其腌制手法概念源于越南菜，原因是越南菜较喜欢使用南乳调味。如果属实的话，这一款鸡肴带有浓香的南乳味、啖啖脆口的鸡皮和肉滑骨香的鸡肉，就是极具体现不失鸡味的粤式方法制作的东南亚风味。

（1）用料　清远鸡1只（约750g）。

（2）腌料　南乳150g，花生酱30g，精盐10g，白酱油30g，味粉5g，姜丝10g，葱丝10g，八角（大茴香）3g。

（3）糖浆配方　白醋500g，大红浙醋500g，鲜柠檬（榨汁）100g，蜜糖200g。

（4）佐料　南乳酱适量。

（5）制作方法

1）腌制：将南乳和花生酱用果汁机绞烂，加入白酱油、精盐、味粉拌匀，然后刷匀全鸡内外，放入钢盆中腌约30min，之后将姜丝、葱丝和八角（大茴香）放入内腔，用鸭尾针缝上尾口和鸡脖的开口。

2）烫水：将鸡迅速放入开水中烫紧鸡皮，然后放入清水中过冷，再用细毛巾轻轻刷去鸡只表皮的白衣。这一点很重要，鸡皮着色是否均匀就要看这步工作是否细致。

3）上皮：待鸡刷去白衣后放入开好的糖浆之中涂匀。然后用鸡环钩起双翼，鸡头转入鸡环的圆圈之中，用鸭尾针固定。如鸡骨较软时，可将鸡环的钩子刺入鸡翼底中间部位，以防鸡只在烧烤期间鸡翼翻起而脱环。

4）晾干：将鸡钩起后，挂入微温的烧烤炉中，用慢火将鸡皮焙至干爽；之后将鸡取出，挂放在通风干爽的地方让其自然凉透。

5）烧烤：待鸡自然凉透后，将鸡挂入中火炉温的烧烤炉中，半开盖烧约20min，若鸡脚筋位置内有液体滚动的现象，即视鸡已被烧熟，但切不可将鸡冠烧焦和将鸡皮烧爆；此时可将鸡钩起凉透。

6）吊炸：待鸡凉透及要上菜时，即将鸡挂在油锅之上，用铁针刺破双眼，然后用中等油温的生油慢慢由头向下淋下去，此时要留意鸡皮是否离皮，特别是鸡胸和鸡腿的位置，最好边淋油边用鸭尾针刺入，以去除鸡皮内的气体，保证鸡皮的脆化。

提示：何谓吊烧，通常有两种说法，一是用热油烧淋在鸡身上，使鸡至熟至脆；二是在烧腊炉中慢火烤至九成熟，待凉透后，再用热油烧淋在鸡身上，使鸡至熟至脆。笔者通过实际操作中发现后者可令鸡皮更脆化。

白醋在糖浆中起脆化作用，麦芽糖（饴糖）则起脆化上色的作用，嫩肉粉含碱性能去除皮上脂肪，使成品脆化度增加，但若分量掌握不好，容易产生反效果。大红浙醋、鲜柠檬、嗯汁、山西陈醋等的作用与白醋相同。蜜糖的作用与麦芽糖（饴糖）相同。

十六、脆皮风沙鸡

何为风沙呢？看出菜时的效果就会明白，当你一看一联想，不得不叹服始创厨师在起名上的创新独韵，原因是此菜一端出，那金灿灿的炸蒜茸铺满在香气逼人的脆皮鸡上的效果，就好像自己正置身于西北的戈壁沙漠之上一样，从中便能领悟它的寓意，以及中国饮食文化博大精深的一面。

（1）**原料**　清远鸡1只（约750g）。

（2）**腌料**　蒜肉1500g，香叶5g，清水600g，精盐30g，白酱油150g，鸡粉30g。

（3）**糖浆配方**　白醋500g，鲜柠檬（榨汁）30g，麦芽糖160g。

（4）**佐料**　蒜香盐适量。

（5）制作方法

方法一

1）浸制：蒜肉与香叶加入清水，用果汁机绞成茸，再加入精盐、白酱油、鸡粉拌匀，然后将光鸡埋入其中，腌约30min，之后再用此蒜茸汁将光鸡慢火浸约15min，使鸡肉至熟。

2）上皮：待鸡只用蒜茸汁浸熟后，用清水洗净鸡皮，然后涂上用白醋、鲜柠檬汁和麦芽糖（饴糖）开好的糖浆，用烧鸡环钩起双翼吊挂在通风处，将鸡皮晾干。

3）淋油：在临近上菜和鸡皮已晾干之时，将鸡吊挂在油锅之上，用针刺破鸡眼，以免鸡眼受热膨胀弄伤自己。在油温至七成熟时，用油勺不断将热油从头淋下至鸡皮上色。如因鸡皮受热而鼓胀的话，可用鸭尾针刺破，再用热油淋上便会平服。在皮色均匀地转到金红色之后，再用鸭尾针略刺鸡髀（腿）和胸部，以疏去皮内气体，保证鸡皮脆化的持久性。

方法二

1）风沙馅配方：面包糠500g，蒜茸800g，干葱茸200g，味粉100g，鸡粉150g，幼砂糖10g，精盐30g。

2）腌制：同样将蒜肉与香叶加入清水，用果汁机绞成茸，再加入精盐、白酱油、鸡粉拌匀，然后将光鸡埋入其中，腌约30min。

3）上皮：待鸡腌入味后，将适量的姜丝和八角放入鸡肚之内，用鸭尾针缝上口，然后迅速用开水将鸡烫紧，用清水洗净表皮，涂上用白醋、鲜柠檬汁及麦芽糖（饴糖）开好的糖浆，用烧鸡环钩起双翼吊挂在通风处，将鸡皮晾干。

4）烧烤：待鸡皮晾干后，用中等的炉温半开盖，将鸡烧熟，一般以鸡髀（腿）后筋部位有液体滚动为度，但切不可将鸡皮烧断，从炉中将鸡钩出，让其自然凉透。

5）淋油：待鸡自然凉透后和要上菜时，便可以用同一的淋油方法处理。

6）上菜：待鸡斩砌上碟后，将风沙馅洒上即可。

注意： 用半开盖的方法烧鸡，目的是避免烧烤炉中的顶温将鸡冠烧焦，这是关键。因为热气是向上升的，如将炉盖盖严，热气不马上对流向下，只聚在上方，此时的顶温相对底温要高，势必会出现将烧烤物上部烧焦而下部还未熟的现象。同时也可控制炉温，不让炭火过猛。

十七、香叶琵琶鸡

但凡粤式烧鸡基本上有两种形态和不相伯仲的制作方法，一是开肚取脏的原只烧，二是剖胸取脏的琵琶烧。前者皮脆肉香，肉中保留汁液较强；后者则皮脆骨香，肉中汁液较少，但酥香程度较前者更佳。

（1）**用料** 清远鸡1只（约750g）。

（2）**腌料** 香叶15g，白酱油50g，桂皮粉5g，精盐5g，鸡粉5g，青柠檬5g。

（3）**糖浆配方** 白醋500g，鲜柠檬汁30g，麦芽糖160g。

（4）**佐料** 香柠汁。

（5）**制作方法**

1）腌制：清远鸡去毛取脏洗净后，从胸部将鸡剖开，再压成琵琶状，然后放入用香叶、白酱油、桂皮粉、精盐和鸡粉开好的调料中拌匀，再从青柠檬中捏入柠檬汁，腌约25min。

2）晾皮：待琵琶鸡受味后，用竹扦撑开鸡只，用开水烫紧鸡皮，并在鸡皮上涂上用白醋、柠檬汁和麦芽糖（饴糖）开好的糖浆，用烧鸡环钩起吊挂在通风处晾干鸡皮。

3）烧烤：待鸡皮晾至干爽后，挂入已有足够炉温的烧烤炉中，微开炉盖，用中慢火烧约20min，至琵琶鸡约八成熟，取出晾凉。

4）淋油：待鸡晾凉和上菜时，将鸡挂在油锅之上，用锅勺慢慢从头淋上热油，淋至琵琶鸡呈金红色和皮脆即可，现炸现斩上席。

十八、脆皮神仙鸡

神仙鸡即填入中药烧制而成的鸡肴，由于与滋补中药共同烹制，因有强壮身体、延年益寿的功效而得名。此法是从清朝同治年间流行于湖南一带的五元神仙鸡演变而成，原来是采用蒸的方法烹制。中医称桂圆肉有滋补强壮的功效，枸杞有明目养颜、补肾益精等功效，荔枝肉有生津养血、理气止痛的功效，鲜茨实有补中益气、健脾固精、增强智力的功效，红枣有养胃健脾、益血壮神之功效。

（1）**用料** 清远鸡1只（约750g）。

（2）**腌料** 桂圆肉3g，枸杞2g，荔枝肉3g，鲜茨实5g，红枣2g，精盐15g，白酱油25g。

（3）糖浆配方　白醋500g，柠檬汁150g，麦芽糖25g。

（4）佐料　西汁适量。

（5）制作方法

1）加工：首先用温水将桂圆肉、枸杞和荔枝肉泡软，红枣洗净去核。

2）腌制：清远鸡宰净后，用清水洗净，放入钢盆中，调入精盐和白酱油先腌约25min，然后将桂圆肉、枸杞、荔枝肉、鲜芡实和去核红枣填入鸡肚中，用鸭尾针缝好。其后，用开水稍微烫紧鸡皮，再用清水洗净表皮，用毛巾吸干鸡皮水分，涂上用白醋、柠檬汁和麦芽糖（饴糖）开好的糖浆，用烧鸡环钩好，吊挂在通风处晾干表皮。

3）烧烤：待表皮晾至干爽后，挂入有足够炉温的烧烤炉中，微开炉盖，中慢火烧至鸡脚筋内有液体滚动，但不能烧断，取出晾凉。

4）淋油：由于淋油是保证神仙鸡脆皮的关键，所以在先前烧烤的过程中，无须用猛火将鸡烧熟。用中火的好处是，除保证鸡烹熟外，不致因炭火过急令脚筋烧断，以及将鸡头烧焦。待上菜时，将鸡吊挂在油锅之上，将热油慢慢从头淋下，直至鸡身完全至金红色为止，取出斩砌成鸡形即可。

十九、蜜汁吊烧鳝

白鳝，广府人的叫法，又有风鳝、青鳝等叫法；实际上鳝与鳗为两种不同科目的动物，但通常广东这一带的人都是有鳝无鳗。蜜汁吊烧鳝的制作灵感来源于日本料理烧鳗鱼菜式，日本人的制作方法是用其特别的烧汁将白鳝（鳗鱼）涂好，然后放入炭火上烧，达到嫣红色和焦香。

（1）柠味用料　白鳝（鳗鱼）1000g，陈皮块20g，鲜柠檬50g，白酱油50g，味粉5g，鸡粉5g，麦芽糖15g，橙黄色素适量。

（2）豉味用料　白鳝（鳗鱼）1000g，阳江豆豉30g，生抽15g，绍兴花雕酒40g，蒜茸10g，精盐3g，胡椒粉1g。

（3）制作方法

1）柠味腌制：将白鳝（鳗鱼）起骨洗净后，用干毛巾吸干水分，再用陈皮块开温水浸泡约30min，以便辟去白鳝（鳗鱼）身上的腥味和泥味；之后调入用鲜柠檬榨出的汁、白酱油、味粉、鸡粉、麦芽糖和适量的橙黄色素拌匀，腌约20min。

2）豉味腌制：将阳江豆豉用干锅慢火炒香，并制成泥，与生抽、绍兴花雕酒、精盐和胡椒粉和匀，放入起骨洗净的白鳝（鳗鱼）腌约20min。

3）烧烤：待白鳝（鳗鱼）腌入味后，用竹签撑开白鳝（鳗鱼）成板状，用叉烧环逐条串好，先肉面向炉壁，挂入已将木炭烧旺和有足够炉温的烧烤炉中，微开炉盖，烧约20min，改皮面向炉壁，继续烧约20min即可，上菜时淋上蜜糖。

二十、烧鸡翼

从这一品种之中，可以了解和领悟到烧烤制作发展的部分变化，其实明炉烧鸡翼在传统上有一种方法是用白卤水浸熟后涂上麦芽糖浆烧烤而成，即脆皮烧的一种制法，但毕竟鸡翼皮薄和油脂少，虽然很多厨师都可间或将其烧至皮脆身红，但一直都不能稳定地达到预定的效果，后来厨师们灵机一动，干脆改用湿汁烧的方法，效果截然不同。

方法一

（1）**原料**　鸡全翼、白卤水1桶。

（2）**糖浆配方**　麦芽糖40g，白醋500g，生粉5g。

（3）**制作方法**

1）卤浸：将鸡全翼用菊花心水温的白卤水浸至八成熟，捞起用清水洗净，然后涂上用麦芽糖、白醋和生粉开匀的糖浆，即可用叉烧环穿上，穿时取同一方向的鸡翼，横平穿入鸡中节位置的关节，当第二只鸡翼穿入时，要将第一只穿入的翼尖套入腋下，如此将鸡翼穿好后，正面只可看见整齐的鸡中节的部分，在通风处晾干表皮。

2）烧烤：烧旺炉火，将鸡翼挂入，将正面（即整齐的鸡中节的部分）向火，先密盖烧约10min，再微开炉盖，以大中火的火候烤烧，务求以最短时间将鸡翼均匀烧至火红色，取出后淋上糖胶便可挂出明档。

方法二

（1）**原料**　鸡全翼500g。

（2）**腌料**　精盐10g，幼砂糖40g，生抽20g，八角（大茴香）5g，花生酱10g，南乳5g。

（3）**佐料**　西汁适量。

（4）**制作方法**

1）腌制：用精盐、幼砂糖、生抽、八角（大茴香）、花生酱、南乳和适量的橙红色素调好的腌汁将鸡翼拌匀腌约45min，其间每隔15min翻拌一次以利鸡翼均匀受味；然后用与方法一相同的方法将鸡翼穿入叉烧环中。

2）烧烤：鸡翼穿插好后，放入有足够炉温的烧烤炉中，微开炉盖，先背面（即见翼头和翼尖部分）向火，约15min后，将正面（即整齐的鸡中节的部分）转向火位，以利两面受火均匀，再过大概15min后，翼中流出清油可将鸡翼取出淋上糖胶，便可挂出明档。

二十一、锡纸烤鲈鱼

锡纸烤鲈鱼的制作灵感很大程度上是来自京苏大菜中的金陵八大叉之一的叉烤鳜鱼，据传此菜在旧时的官场宴席中，为达官贵人所乐道。在粤菜烧烤品种中，以鱼作烧烤原料是很少见的，原因是这一带的人较注重鲜活两字，除清蒸能体现鲜活之外，可能别无他法。

（1）原料　鲈鱼1条（约1250g）。

（2）腌料　猪网油150g，金华火腿10g，冬菇50g，生抽30g，胡椒粉3g，味粉5g，葱段20g，姜丝15g。

（3）佐料　紫金酱适量。

（4）制作方法

1）腌制：生猛鲈鱼去鳞后，在鱼肛门中横拉一刀，用火钳先夹紧鱼鳃，再延伸入鱼肚，用力旋转，从鱼嘴中取出内脏。用生抽、胡椒粉和味粉调汁腌约15min，此时将金华火腿切成片，冬菇切成粗丝。待鲈鱼腌入味后，将葱段和姜丝放入鱼肚中，金华火腿片和冬菇丝放入鱼周，猪网油包裹鱼身，再用锡纸包好，用细铁丝捆扎，以利钩挂鲈鱼。

2）烧烤：用烧鸭环钩起鲈鱼，放入有足够炉温的烧烤炉中，盖紧炉盖，用中火烧约15min便可，上菜前拆去细铁丝，连锡纸上台，上台后在客人面前再用剪刀拆开锡纸。

复习思考题

1. 简述挂炉烧烤的风味特点。
2. 简述挂炉烧烤的制作要点。
3. 尝试创新5款挂炉烧烤品种。

第三节　风味烧烤品种制作

风味烧烤的市场前景广阔，已成为全世界使用最广泛的烹调方式之一。无论是街头巷尾，或是街边店面、校门口、车站、码头、商场、旅游景点到处可见。由于它的干香味及不同口味的调料，诱惑着人们的食欲，再加上众多的可烤食物取之不尽用之不竭，使之烧烤有着经久不衰的市场。

风味烧烤成本低，利润高。以肉串为例，每串综合成本为 0.2 ~0.3 元，售价 0.5~2 元，利润率为 200%~500%，每天至少销售 800 串以上，抢先从业者，必将获得丰厚的回报。

一、日式炭烧鳗鱼

（1）原料　海鳗鱼3条。

（2）调味料　精盐5g，生抽15g，美极鲜酱油10g，老抽5g，幼砂糖10g，味粉5g，花雕酒5g，广东米酒10g，松肉粉5g。

（3）腌料　红萝卜30g，香菜10g，香芹15g，小葱5g，干葱头5g，蒜头5g，生姜5g，洋葱5g。

（4）制作方法

1）海鳗鱼头部斩刀放血，烫水（70℃左右），刮去潺液，用大号叉烧针钉住鱼尾，从头部开始开刀，取出内脏和脊骨，洗净。

2）海鳗鱼平摊在台上，表皮向上，用适量盐和嫩肉粉擦匀表皮，10min后漂水，晾干水分。

3）用适量胡萝卜片、香菜段、香芹段、葱段、干葱头碎、蒜头、姜片、洋葱片、美极鲜酱油、生抽、老抽、味粉、花雕酒、广东米酒少许、松肉粉腌制肉料30min。

4）用竹扦将海鳗鱼平横穿起，风干一晚上。

（5）烧烤　先用小火略烧皮，再反转用中火烧肉至金黄，出油即可。

二、炭烧日本青鱼

（1）原料　日本青鱼2条。

（2）调料　精盐20g，味粉5g，生抽5g，胡椒粉3g，五香粉3g，辣椒粉3g，清水200g。

（3）制作方法

1）青鱼开肚，取内脏，刮净黑衣，去除直肠、鱼鳃，洗净血水。

2）用清水、盐、味粉、生抽、胡椒粉、五香粉、辣椒粉调匀成味水，放入青鱼腌制30min，用竹签直穿过整条鱼身，挂起风干备用。

3）把鱼架在炭火上，反复转烧多次至熟，再扫上一层生抽，撒上少许胡椒粉、辣椒粉即可。

三、日式炭烧太郎豆腐

（1）原料　日本豆腐2条。

（2）调料　海鲜豉油30g，甜面酱10g，香油3g，葱花3g。

（3）制作方法　日本豆腐去塑胶膜，直刀一开四，分别放在蛋挞盏里，浇入海鲜豉油和甜面酱，放在烧烤炉上面烧滚，撒上葱花，淋入香油即可。

四、炭烧秋刀鱼

（1）原料　秋刀鱼2条，柠檬角1块。

（2）调料　孜然粉、辣椒粉各5g。

（3）腌料　盐粉、胡椒粉各5g，味粉2g，五香粉3g，清水100g。

（4）制作方法

1）先将秋刀鱼开肚，取出内脏，洗净，沥干水分。

2）各种腌料混合拌匀，抹在秋刀鱼上，腌制20min后挂起，风干备用。调料混合拌匀，备用。

3）将秋刀鱼放入烤烤炉上，烤至五成熟时将拌匀的调料分两次撒在秋刀鱼上，秋刀鱼需不停地翻动，直至烤熟。

4）食用前将柠檬角挤出汁滴在秋刀鱼身上即可。

（5）成品特点　鱼皮焦香酥脆、肉质鲜嫩，有淡淡的柠檬清香气味。

（6）制作要点

1）烤制前原料要略风干，才能烤脆、烤香；若原料水分太重，则烤出的鱼不脆、不香，而且肉质口感霉烂。

2）烤制时火要由小至大，才能烤透、烤香。

3）要勤于翻动原料，但要注意手法，切忌将原料弄烂。

4）食用前滴上柠檬汁有醒胃、增香的作用。

五、炭烧味噌银鳕鱼

（1）**原料** 银鳕鱼1块（约300g）。

（2）**调料** 七味盐25g。

（3）**腌料** 味噌、美极鲜酱油、苹果醋各10g，盐粉、味粉各5g。

（4）**蘸料** 万字酱油20g，青芥辣10g。

（5）**制作方法**

1）将腌料调匀，抹在银鳕鱼上腌制15min。

2）用烧烤夹夹着银鳕鱼放在炭火上，边烧边翻动边撒上七味盐，烧至银鳕鱼熟透，转盘，与青芥辣和万字酱油一同蘸食。

（6）**成品特点** 外脆内嫩，滋味缤纷，富有日式风味。

（7）**制作要点** 同“炭烧秋刀鱼”。

六、炭烧生蚝

深秋季节，是食蚝的好时节，因为此时的蚝最为肥美。地处广州市机场路16号的聚友缘酒家特地从青岛空运深海生蚝到广州款待食客。青岛产的生蚝跟法国、澳大利亚和苏格兰产的大致一样，都生长在无污染的深海里，自然生长。据供应商介绍，那里的生蚝品质较好，每只750～1000g（带壳）的生蚝，在深海环境生长5～10年，这种蚝体形大，肉质洁白，肉嫩多汁、脆口，是目前广州市场上较高档次的生蚝。

享有“海中牛奶”之美誉的生蚝是食客在深秋不可错过的美食。早在17世纪，生蚝就被荷兰人视为壮阳的补品。而依据中医学观点，生蚝属于补肝、肾之物，主要原因是生蚝含有丰富的矿物质和微量元素，生食营养价值高。如果配上白酒，更能表现它的鲜美原味，让人爱不释口。

生蚝还含丰富的荷尔蒙和锌，能提高性能力，治女性月经不调，并对胃痛、骨质疏松、睡眠质量差、甲状腺功能减退及甲状腺瘤等疾病有一定的辅助治疗作用。

深海生蚝，最适合用来柠汁原只刺身，肉质半透明状，鲜嫩无渣，这种原汁原味的吃法被食家称为食蚝的最高境界，因其令蚝更臻鲜美。此外，在“聚友缘”，生蚝的吃法还有米汤浸、炭烧原味、黑椒汁、XO酱烧等多种，给你呈献一席丰盛的生蚝宴。下面介绍生蚝的几种食法。

（1）柠汁原只生蚝　刺身选蚝身圆滑、重身之深海无污染帝王蚝，洗净外壳后，用专门的工具将蚝壳打开，把蚝肉身旁边的泥沙用冰矿泉水冲净，放入盛载着碎冰的容器中，跟柠檬汁、日本芥辣、日本鱼生豉油等上席，食时把柠檬汁浇在蚝身上便可。清爽、嫩滑，蚝味十足，无腥味的生蚝刺身让人大快朵颐。

（2）米汤浸生蚝　生蚝去壳起肉，放入用猛火煲滚的米汤中，关掉炉火，浸3～5min即可（米汤中可视个人喜好加入少许柠檬片同浸，另有一番滋味）。

（3）炭烧原味生蚝　将原只生蚝外表洗净后，放入炭炉架上，蚝身扁平处先烧，烧至冒蒸气后翻转另一面，烧至蚝壳张开，一只肥美有汁的炭烧蚝即大功告成，跟芥辣豉油上席。

（4）黑椒汁生蚝　将生蚝起肉洗净，放入热水中用慢火浸至七成熟，捞起备用。以少许牛油、姜汁起镬，将生蚝略煎，装入壳中，把调好的黑椒汁淋上，放入炉中3min即可出炉食用，椒香四溢，蚝爽无渣。

（5）XO酱烧生蚝　用专业工具把帝王蚝的壳打开后，以清水将里面的污物冲净，放置在炭炉上烧至卷身时将XO酱浇在蚝肉上，稍作烧烤，即有一股香气扑鼻而来，此时的蚝甘香微辣，蚝味浓郁，正是享用的最佳时候。

七、炭烤鸡腿

（1）原料　鸡腿2只。

（2）腌料　生抽50g，胡椒粉1g，五香粉3g，味粉3g，幼砂糖5g，鸡粉3g，老抽2g，八角粉1g，沙爹酱5g，芝麻油1g。

（3）调料　孜然粉2g，辣椒粉1g。

（4）制作方法

1）先把鸡腿清洗干净，在鸡腿肉厚的地方竖切一刀，压平鸡腿，放入腌料腌制30min左右，再用竹签穿起。

2）烧炭起火，把腌制好的鸡腿放在炉架上，烤至转金黄色，期间不断地涂上腌料，待差不多熟时扫上生油，撒上孜然粉和辣椒粉即可。

（5）制作要点　先将鸡腿中间烧至五成熟时，再刷上烧烤腌料，要勤翻动。待烧至七成熟后，转大火，刷汁次数增加。

八、炭烧牛仔骨

（1）原料　牛仔骨1000g。

（2）**调料** 精盐15g，幼砂糖10g，味粉5g，生抽10g，老抽5g，美极鲜酱油8g，花雕酒6g，松肉粉5g，黑胡椒粉3g。

（3）**腌料** 蒜肉、生姜、干葱头、香菜、香芹、迷迭香、红萝卜、洋葱、黑胡椒碎各少许。

（4）**制作方法**

1）先将腌料清洗干净，拍烂，然后与调料、牛仔骨混合，拌匀，腌制2h左右。

2）将牛仔骨捞起，沥干水分，略风干，放在炭炉架上，用下火边烤边翻边扫油，烤制成熟后，撒上少许黑胡椒粉即可。

九、炭烧茄子

（1）**原料** 茄子1条。

（2）**调料** 虾米5g，瑶柱碎5g，蒜茸30g，海鲜粉5g，五香粉3g，孜然粉5g，辣椒粉2g，炒香白芝麻2g。

（3）**制作方法**

1）先将茄子扫上生油，放在炭炉架上，用小火烤制六成熟。

2）用小刀将茄子切开中间切开，不要切断，连着底皮，在瓤上撒上虾米、瑶柱碎、蒜茸、海鲜粉、五香粉，合起开边的茄子，边烤边扫油，熟后撒上辣椒粉、孜然粉和炒香白芝麻即可。

十、炭烧香蕉元贝

（1）**原料** 元贝4只，香蕉2根。

（2）**调料** 柠檬汁10g，牛油50g。

（3）**制作方法**

1）元贝去壳取肉，洗净待用。

2）香蕉去皮，切成2cm长段，然后和元贝交替排好穿在竹签上。

3）煮溶牛油，与柠檬汁拌匀，涂在香蕉元贝上。

4）将香蕉元贝串摆在炭炉架上，用小火边烤边转约15min，待元贝肉烤至嫩熟即可。

（4）**制作要点**

1）在烧烤时要不停翻动原料，以免烧焦。

2）牛油、柠檬汁应分数次涂抹。

3）切忌把元贝肉烤得过熟，否则肉质会变韧。

十一、功夫烤鱼

（1）原料　草鱼1条（约1500g）。

（2）配料　干辣椒100g，花椒50g，五香粉10g，鸡粉10g，胡椒粉5g，特制红油50g，大蒜20g，大葱50g，洋葱20g，酸笋75g，香芹50g，香菜5条，精盐适量。

（3）制作方法

1）先把鱼杀好，刮鳞去内脏，清洗干净备用。

2）用精盐、鸡粉、胡椒粉、少许五香粉腌制鱼约20min。

3）把腌制好的鱼放在烤炉架子上，用中火翻动烧烤，待变金黄色后转入烤鱼盆中。

4）起锅，将其他配料在锅中爆香，加入适量汤水，倒入烤鱼盆中。

5）在烤鱼盆下面放上木炭，点火，边烤边煮鱼至微滚入味，即可食用。

（4）成品特点　热辣可口，鱼鲜、肉嫩、味香。

（5）制作要点

1）在烧烤时要不停翻动原料，以免烧焦。

2）掌握好配料的分量和搭配。

3）边烤边吃风味更佳。

复习思考题

1. 炭烧品种有什么风味特点？
2. 炭烧品种制作应注意哪些技术要点？
3. 尝试创新5款炭烧品种。

第三章　卤水品种制作

第一节　卤水概述

一、卤的起源

“卤”——就是利用特制香料药材熬成的液体，使食物致熟并让其入味的一种烹调手法。据史书记载，早在夏商时期，人们将盐、香料等调味品置于铜器炊具中，加水与食物煮熟后用刀分割食之，这就是最初卤烹的雏形。《周礼》中记载，在周代时期，人们已非常盛行将盐、香料、食物加水烹煮，卤水由此产生，卤烹技法由此形成。《楚辞》、北魏贾思勰的《齐民要术》、唐代孙思邈的《千里食治》、孟诜的《食疗本草》都对此方法有过记载和描述。到了宋代《梦粱录》中首次出现了对这一烹调方法的统称“卤”，并且在清代的《随园食单》

《调鼎集》和李化楠著的《醒园录》中已开始对卤水、卤法和卤方做出详细的介绍。在清代初期，根据各自特性，“卤”已形成“南卤”和“北卤”两大派别和四大卤系。在川式卤、粤式卤、潮州卤、客家卤四大卤系中，川卤傲视群雄。由于地方资源优势和历史原因使它融合了另外三大卤系的长处和其他各地的菜式风格。特别是川味卤菜在调味上更具通用性，它可因人、因地而异。川卤又分为红卤（代表作——廖排骨）、白卤（代表作——棒棒鸡）、黄卤（代表作——万春卤）三大式。在卤的手法上分为：蒸卤（据传系四川绵阳廖家所创）、腌卤（据传四川什邡板鸭较正宗）、浸卤、炒卤、酱卤（我国北方常用）、焗卤（我国南方常用）、炸卤、烤卤、腊卤（四川北部和陕西西南部常用）、熏卤、糟卤（我国华东地区常用）、酒卤、油卤、煨卤等；按香型又分为：五香卤、多香卤、茶香卤、酒香卤、奇香卤、腊香卤、椒香卤、豉香卤、糟香卤等。卤水按味型又分为：五香味卤水、辣味卤水、家常味卤水、腊味卤水、川式豆瓣味卤水、油辣卤水、糟味卤水、豆豉味卤水、椒香味卤水、茶香味卤水、酒香味卤水等。

川卤最初的形成经历了从秦惠王统治巴蜀到明代的历史阶段，大约经历了千余年的时间。秦代蜀郡太守李冰率万余民工修建都江堰水利工程后，又派人“穿广都盐井”生产出四川最早的井盐，常璩所著的《华阳国志》在追述当时饮食习俗就有“尚滋味，好辛香”及“鱼盐、茶蜜、丹椒”的记载。从中可以看到，当时人们已经学会使用井盐和花椒制造卤水。

到西汉时期，由于井盐的大量开采和使用，川人“尚滋味，好辛香”的饮食习惯已经初步形成。《蜀都赋》中就有“调夫五味，甘甜之和，五肉七菜，朦厌腥臊，可以练神养血者，莫不毕际”的记载，调夫五味讲的就是卤的调味方式。

经过三国及魏晋南北朝时期的铺垫，川卤在唐朝时已经迈了一大步。唐朝的迁客骚人们为了找到诗的灵感，都喜欢在写诗时饮酒。宫廷的饮酒作乐都无不与酒有缘。而饮酒又少不了上乘佳肴。这样就促进了川式卤菜的进一步发展。

到了明代，人们的饮食习俗注重养身食疗。特别是明代的《饮膳正要》和《本草纲目》的问世，使朝野人士更加重视食疗。由于记载的药料中有些既能防病、治病，又能产生香味，达到调味的目的，所以大部分都被作为卤菜调料。

20世纪80年代以后，随着改革开放，从事川味卤烹技术的搜集、总结、教学、研究、开发的专业人士不断增加，使川味卤烹技术更加精湛，品种更加丰富。由此，川味卤菜进入了空前的繁荣昌盛时期。

不同的流派所使用的卤水材料大致相同，但分量多少及制作方法的不同则让卤水味道迥异。

二、戏说潮州卤水

曾几何时，还有人为潮州卤水生不逢时而惋惜，而当初又有谁会预料到，如今潮州卤水会红遍大江南北。据考证，潮州卤水至少在明末清初就已经存在了，不过在那时，粤菜重镇广州却正在乐此不疲地享用着另一味极具威名的卤水——精卤水。

没有资料证明潮州卤水出自何人之手，但对精卤水则是众口一词，都说是由一名外号叫“捞松敖”的江苏厨师在广州所创。20世纪20年代，中国繁华的美食之地广州吸引了各地厨艺出众的厨师前去一展身手，捞松敖也不例外。广州虽为美食之地，但是广州厨师煮鸡却极其简单，只是将鸡投入沸水锅中煮熟就了事。可是捞松敖却以此为切入点，最终对烹制鸡肴来了一次颠覆性改良。

那么这种改良具体体现在哪些方面呢？广州厨师之前取鸡内脏都是在鸡腹上开一小口挖出的，而捞松敖则认为这种做法未能脱俗，于是就改从鸡腋开口取内脏。新的方法虽然操作起来比较复杂，但能保证鸡肴外观的完整性。而更让人称道的是，捞松敖开创性地选用了豉油（酱油）去取代清水浸煮鸡。

这种用豉油组成的调味液，就是后来盛极一时的精卤水。如果细加说明精卤水的构成，那就可以解释当初潮州卤水为什么会在广州受冷落了。

第一，尽管用酯香扑鼻的豉油作调味液让卤水非常咸，但通过配用绍兴花雕酒并用冰糖而和，最终生成了一种“大咸大甜”的口感。总之，配制这种卤水时不兑入一滴水，足见其“精”的一面。

第二，精卤水除了酯香外，还有香料赋香。这香料之香不是随手得来，而是相当考究地用上了有“千古香料”之赞的姜（生姜）桂（桂皮），有“香料明星”之名的花椒、八角（大茴香），以及有“广东之宝”美誉的陈皮，还有“众药之王”之称的甘草。

豉油的酯香与香料的芳香被这位厨艺出众的厨师融为一体，难怪这种卤水可以雄霸食坛半个世纪之久。

再回顾一下同时期的潮州卤水是如何配成的。依据已故潮州名厨朱彪初在50年前的回忆——在20世纪60年代以前，潮州卤水是用清水3000g、生抽150g、南姜（高良姜）20g、甘草5g、桂皮5g、八角5g、冰糖50g、绍兴花雕酒50g、蒜头10g、辣椒3g、香菜梗25g和青葱15g配成的。而这样的配方能撼动精卤水当时在人们心目中的地位吗？显然不可能！

然而世事难料，在精卤水辉煌了40年之后，也就是在20世纪即将结束时，因很多酱油厂不再坚持用传统的生晒方法去制作豉油了，以至于市面上充斥着貌似生晒豉油的所谓酿造豉油和配制豉油，使得精卤水的灵魂——具有隽永豉酱酯香的豉油（酱油）再也难觅。连带它的“表演平台”——玫瑰豉油鸡也黯然失色。此时，方才到了潮州卤水“大显身手”的时候。

不过，如果按照朱彪初回忆的那个配方去做的话，恐怕潮州卤水还得乖乖地待在潮州。而事实上，现在流行的潮州卤水已非朱彪初当初讲的潮州卤水了。

新的潮州卤水具有浓而不咸、香而不浊、醇而不寡的特色，其配方是：大地鱼500g、瑶柱100g、大骨250g、金华火腿骨250g、老母鸡200g、梅肉500g、鹅油1500g、清水5500g、南姜（高良姜）200g、香叶10g、白豆蔻75g、草豆蔻45g、干辣椒50g、蒜肉300g、香菜梗50g、香菜籽120g、干葱头200g、鱼露1000g、冰糖500g、味粉150g和糖色适量。

为了达到浓、香、醇的效果，潮州卤水在制作方法中相当讲究，这里笔者将它分成了四个步骤来解释。

第一步，熬汤。每当提到“潮州卤水”时，都会为它冠上“百年”的名号，这里所谓的“百年”，是为了说明这卤水沉积着岁月的精华。而事实上，那只是对外宣传的需要，不能当真。

在厨师看来，所谓的“百年卤水”，无非是浓缩的肉汤。有时因碍于成本，卤水投入的原料并不充足，其肉味的来源还得依赖被卤的食物。如朱彪初所列的配方当中就没有刻意地加入什么肉料，卤水的肉味全靠卤制食物去日积月累才呈现出来。

新的潮州卤水之所以能够脱颖而出，就在于它刻意地融入了肉味。这里的肉汤含有三组复合风味：大地鱼与瑶柱为一组，称为“海鲜味”——它可以让汤水带飘香的嗅感；金华火腿皮与金华火腿骨为一组，称为“风腊味”——它可以让汤水具沉实的质感；老母鸡、大骨与梅肉为一组，称为“鲜肉味”——它可以让汤水赋鲜甜的味感。

制作时先将大地鱼在烘炉内烘香；另将金华火腿皮洗净，然后将清水、瑶柱、大骨、金华火腿骨、老母鸡、梅肉和鹅油放入大钢桶内，先猛火烧沸，再改慢火熬约3h，得浓汤5000g（剩下的骨头可再加水继续熬，所得汤水作补充之用。）

第二步，调香。香有外香与内香之分，而香料很难断定谁是外香谁是内香，它们有时是共存的。这里有南姜、香叶、八角、桂皮、甘草、草果、香茅、白豆蔻、干辣椒、蒜肉、香菜梗、香菜籽、干葱头等13种香料。当中的南姜是主角，即所谓的“君”；而白豆蔻、香茅为配角，即所谓的“臣”；干辣椒为点缀，即所谓的“使”；其余香料作为协同，即所谓的“佐”——各有其用。操作时可将香料分为三组：蒜肉与干葱头为一组，须用油爆或炸香；八角、桂皮、甘草、草果、干辣椒为一组，要先在干锅里炒炙过才使用；剩下的为一组，直接使用。

所有加工好的香料都投入汤水锅里，慢火滚熬30min。香料一般都不用纱布包裹，以便香味快速地融入汤水之中。

第三步，调味。这里调味是以鱼露为主，须注意鱼露的味道幽邃咸鲜，但稍不注意又会调得咸苦，所以用它来调味，宁少莫贪。

第四步，调色。潮州卤水一般取原色为主。所配食材已经让这种卤水赋上灰黄之色，但也有厨师嫌这种色泽不亮丽，所以就让糖色派上了用场。

潮州卤水能够脱颖而出，还在于它加入了蒜头。在很多人眼里，蒜头是一种让人敬而远之的辛辣物；而在潮州人眼里，蒜头却犹如“穷人味粉”——因为它无论是生的还是熟的，连衣的还是去衣的，原料的还是剁成茸的，都能散发出不同的味道来。蒜头被派上用场，还因为潮州卤水的制作者认为，仅凭熬汤已不足以使卤水获得全面的鲜味。而蒜头赋予的味道，则恰好可以弥补其中所欠缺的鲜味。基于这个原因，有些厨师甚至将连衣蒜头、炸蒜头、炸蒜茸都统统加了进去，以求融合出蒜头的各种香味来。

此外，在卤水中刻意加入油脂也是潮州卤水的一大特色，而这种做法是以往所不容的。原因是：过去的卤水产品对色泽特别讲究，而如果卤水的油脂较多，那就会影响食物上色。而潮州卤水的制作者认为，传统开敞式的卤水容易导致香味挥发流失，而厨师在卤水中加入鹅油，也就是为了让卤水的香味能存留下来。

三、细说南卤与北酱的区别

南方的“卤”和北方的“酱”，两种常用的烹饪技法，两者之间有很多相似之处，但也存在着一些差别。

1. 南卤和北酱的相同点

（1）相同点之一 “容貌”相同 做南方卤菜时，通常是先把原料放入事先调好的卤水锅里，然后慢慢地浸卤至熟。由于调制卤水时加了酱油、糖色等上色调料，所以卤出来的成品色泽多以酱红色为主。而调制出来的白卤水，里边就不会添加这些上色料，成品则是以原料的本色为主。而北方酱菜的做法，也是把原料放入加了酱汤的锅里，然后开火慢慢地酱卤至熟。因为酱汤是用黄豆酱（或面酱）、酱油等原料熬制成的，所以酱制出来的成品外观色泽多以酱红色为主。这么看来，南卤和北酱在“容貌”上相同。

（2）**相同点之二** “味道”都很浓郁无论是“南卤”还是“北酱”，调味时都少不了要加入八角、桂皮、香叶、豆蔻、大葱、生姜等香料，这就使得卤菜和酱菜在味道上基本相似，都带着香料味。

2. 南卤和北酱的不同点

（1）**不同点之一** 汁水不同 卤水的特点是越用越香，如果是连续卤了十几年的话，那肯定会被厨师视作宝贝了。可是北方人做酱菜时，却很少有用到陈年酱汁的，因为酱汤从来都是现用现调，但因为在调制过程中加入了北方的黄豆酱，所以酱出来的成品味道也并非淡而无味。

酱菜之所以少用陈年酱汁，是因为北方人在酱菜的过程中，并不像南方人做卤菜时那样会用到大量的卤水，他们通常都是用较少的酱汁去酱制，等到把原料酱制熟以后，先前浓稠的酱汁也就全都均匀地裹在了原料的表面，锅里的汁水也几乎没有了。这便是酱菜和卤菜做法的第一个不同点。

（2）**不同点之二** 吃法不同 通常，南方的卤菜都是热卤凉吃，而北方地区酱菜的吃法既有些相同于卤菜，又有些不同，比如酱牛肉。先把刚酱熟的牛肉取出来晾凉，切成片后再装盘上桌（可以浇上晾凉的酱汁）。冷吃酱牛肉，可以保持牛肉筋韧的口感；而热吃的话，就达不到这种效果。另外像酱鸡、酱鸭、酱骨头这样一些菜肴，一般都得趁热吃，即使放了一天后，也可以回锅加酱汁加热食用。

20世纪80年代初以前，广东人还一直享受着“一般卤水”以及“精卤水（油鸡水）”等的传统固定配方所带来的卤水品种，而制作卤水使用的材料大多以香料药材、清水或生抽为主，注重豉香，但缺乏肉味和鲜味，口感则以大咸大甜为重点。

到了80年代末至90年代初，随着粤菜对外界饮食交流的深化，粤式卤水掀起了一场“卤水革命”。

在“要想烧鸡好，香料加好汤”到“唱戏靠腔，煮菜靠汤”等一系列调味概念的引导下，借鉴四川卤水的调制之法，加入自身独有香料配制的“潮州卤水”随之诞生。“潮州卤水”中加入金华火腿、大骨、大地鱼、瑶柱等鲜味原料，使得“新派”的卤水品种不仅带有浓香的药材香味，还增加了鲜味和肉味。

潮州卤水和白卤水、精卤水成三足鼎立之势，令粤式卤水食品更增齿颊留香之魅力。

在这个改革概念的指导下，所有卤水都进行了一次革新：在它们原有的色泽没有改变的前提下，同样加入了能使卤水增加鲜味和肉味的原料，并且在口感方面改变传统大咸大甜的口味，以浓而不咸为指导方针，使原有的卤水配方得以新生。

四、卤水的存放

卤菜要好，关键就是那锅卤水。以“香料药材”配“酱油”所产生的“卤汁”最早在明清两朝出现，彼时酱油大量运用于“腌制”“调味”和“佐餐”等。最典型的菜式莫过于“道口烧鸡”，以“要想烧鸡好，香料加老汤”之“十字箴言”为秘方，嘉庆皇帝南巡时尝后称赞此鸡“色、香、味三绝”。

卤水是卤菜味道的关键，通常存放卤水和制作卤菜的厨房重地，外人是不得进入的，从大厨口中旁敲侧击，才窥得一二门道。

卤水用得越久，制作出来的卤菜就越香。其实各种卤水的配制方法都很简单，而口感的好坏全凭那一锅卤水的历史。那些百年老店、老字号的出品，除了一些特别配方外，靠的就是那一锅浸过无数鸡、鸭和鹅的老卤。

通常一个店的卤水从开业那天起就开始它的历史，除了不断增添新作料和卤浸原料外，还要派专人看护着这锅卤水，不能掉进脏东西，不能变质，在夏天也要开着微火保持它的热度，卤菜的价值就全在于它了。

复习思考题

1. 简述卤水在烧腊行当的地位。
2. 简述卤水制作的要点。
3. 简述卤水的分类和各自的风味特点。

第二节　潮州卤水品种制作

20世纪80年代初以前，粤菜多以一般卤水（油鸡水）等的传统固定配方去制作所有的粤式卤水品种，而制作卤水使用的材料大多以香料药材、清水或生抽为主，缺乏肉味和鲜味，口感则以大咸大甜为重点。随着人们口味的变化，此类配方制品逐渐不受食家们的欢迎。到了90年代，随着粤菜的对外界饮食交流的深化，粤式卤水掀起了一场卤水革命，潮州卤水的诞生，令卤水食品更齿颊留香。

一、潮州卤水鹅

（1）**用料**　潮州狮头鹅1只（约2500g）。

（2）**味料**　潮州卤水1桶。

（3）**佐料**　汾蹄汁75g。

（4）**制作方法**

1）将光鹅挖去油、肺、喉、嗉囊，洗净。烧滚水放入光鹅烫整只鹅身，取出。

2）将潮州卤水煮沸，放入光鹅，待沸后转文火卤50～60min，待熟，取出。

3）冷却后斩件或起肉做鹅片装盘，淋上卤水汁和麻油，用汾蹄汁伴食。

（5）**风味特点**　表皮完整，颜色金黄，肉质甘香嫩滑，味道醇厚，回味无穷。

（6）**制作要点**

1）将光鹅烫过滚水，主要是去除血污，令卤水保持干净，存放时间更久。

2）用竹签擦入鹅胸看是否有血水流出，便知鹅是否已熟。若想使鹅快熟且易入味，可将光鹅的四肢骨先拆出去掉。

二、潮州卤水鹅掌翼

（1）**用料**　大鹅掌6只，大鹅翼6只。

（2）**味料**　潮州卤水1桶，玫瑰露酒15g，麻油5g。

（3）**佐料**　汾蹄汁75g。

（4）**制作方法**

1）把鹅掌的黑衣去掉，用刷将污渍擦去，洗干净；鹅翼拔去幼毛，洗净。

2）锅中加入清水，放入鹅掌，用慢火熬40min，小心取出，漂凉水，待用；锅中加入清水，放入鹅翼，用中火熬30min，小心取出，漂凉水，待用。

3）将潮州卤水煮沸，取出药材煲，加入玫瑰露酒，再把鹅掌、翼放入，用慢火煲滚，熄火，浸20min，小心捞出，待冷后斩件装盘，淋上卤水汁和麻油。食用时用汾蹄汁伴食。

（5）风味特点 色泽金黄，甘香味浓，口感爽脆，为佐酒之佳品。

（6）制作要点

1）煲鹅掌、翼的时候与火候都不同，鹅掌用中火熬便会表皮爆裂，影响外形。

2）鹅翼肉质表皮比鹅掌硬，要用中火熬才行。

3）捞出鹅掌、翼漂水和浸卤时都要小心，不要把表皮弄破，否则会影响外观。

4）卤鹅掌、翼时应熄火卤浸，才能使肉料慢慢吸收卤水的味道而又不会破皮。

三、潮州卤水鹅肾

（1）用料 大鹅肾6只。

（2）味料 潮州卤水1桶，玫瑰露酒15g，麻油5g。

（3）佐料 汾蹄汁75g。

（4）制作方法

1）把鹅掌的内衣去掉，去净鹅肾边上的鹅膏（附在肾上的油脂），洗净。

2）锅中加入清水，放入鹅肾，浸约5min，取出，漂凉水，待用。

3）将潮州卤水煮沸，取出药材煲，加入玫瑰露酒，再把鹅肾放入，用慢火煲20min（熬时切勿大滚，要保持“菊花心”），熄火浸30min，捞出，待冷后切片装盘，淋上卤水汁和麻油。食用时用汾蹄汁伴食。

（5）风味特点 甘香味浓，口感爽脆，为佐酒之佳品。

（6）制作要点

1）鹅肾的爽脆程度要视客人的不同要求而定。

2）煮卤水不能用大火，否则会使其很快变黑和散失香味。

四、潮州卤水金钱肚

牛是一种奇怪的动物，因为一般家畜只有一个胃，它却有四个，如蜂窝状的金钱肚便是其中的一个，也是最漂亮和香滑的一个，其余的胃有毛状的称为草肚，层层相叠的是牛百叶，以及肉质爽口的牛双弦，这些部位均可制作卤水品种。

（1）用料　金钱肚1只，潮州卤水1桶。

（2）香料　白胡椒10g，生姜片2片，小葱2条。

（3）调料　玫瑰露酒、麻油各5g。

（4）制作方法

1）将金钱肚上的黑衣用热水拖过后，用刀刮去，洗净备用。

2）烧沸水，放入香料，再放入金钱肚，用文火煨40～60min，取出，漂清水，捞起备用。

3）卤水煮沸，放入金钱肚、玫瑰露酒，再煮沸，熄火，浸10min，取出，切片装盘，淋上卤水汁和麻油即可。

（5）风味特点　爽口味醇。

（6）制作要点

1）煨金钱肚的时间要视其老嫩和厚薄而定，一般情况下用筷子检验最好。用筷子插金钱肚，如很容易穿过，便表示已熟透，可捞出漂水。

2）金钱肚熟透后入味较快，所以浸卤时间勿太久，否则味会偏咸。

五、潮州卤水猪大肠

（1）原料　新鲜猪大肠500g。

（2）香料　白胡椒10粒，生姜2片，小葱2条，八角2粒。

（3）调料　潮州卤水1桶，玫瑰露酒10g，麻油5g，汾蹄汁75g。

（4）制作方法

1）去掉大肠肥油，再将大肠内壁翻出，用生粉、精盐揉搓15min，用清水冲洗干净备用。

2）猪大肠、八角、白胡椒、姜片、葱条一起放入清水中，用慢火煮30min，熄火，加盖焗浸30min，取出，漂清水。

3）把潮州卤水煮沸，加入玫瑰露酒，再放入大肠，煮沸后熄火，浸20min，取出，待冷却后斜刀切厚片，上碟，淋上卤水汁、麻油便成。食用时用汾蹄汁伴食。

（5）风味特点 软烩适中，卤水飘香。

（6）制作要点

1）用清水煮大肠时切勿大沸（用“菊花心”最佳），否则会令大肠收缩过度。

2）如猪大肠一类味道较特殊的食材最好不要放入大盆卤水内浸，应倒出适量卤汁浸卤，否则会影响整盆卤水的味道。

六、潮州卤水猪耳

（1）原料 新鲜猪耳朵6只。

（2）香料 白胡椒10粒，生姜2片，小葱2条，八角2粒。

（3）调料 潮州卤水1桶，玫瑰露酒10g，麻油5g，汾蹄汁75g。

（4）制作方法

1）先将猪耳朵用滚水“飞水”片刻，捞出，用火钳夹着在火位上烧去猪毛，用钢丝球刷去污渍，用清水冲洗干净备用。

2）猪耳朵、八角、白胡椒、姜片、小葱条一起放入清水中，用慢火煮1h，取出，漂清水。

3）把潮州卤水煮沸，加入玫瑰露酒，再放入猪耳朵，慢火熬10min，熄火浸20min，取出，待冷却后斜刀切薄片，上碟排好，淋上卤水汁、麻油便成。食用时用汾蹄汁伴食。

（5）风味特点 口感爽脆，卤水飘香。

（6）制作要点

1）猪耳朵煮1h后要立刻取出漂水，才能使猪耳朵爽脆。

2）煲猪耳朵时不要加盖，否则食用时会黏口。

3）猪耳朵卤制好后待凉，切细丝，与其他食材伴食，风味更佳。

复习思考题

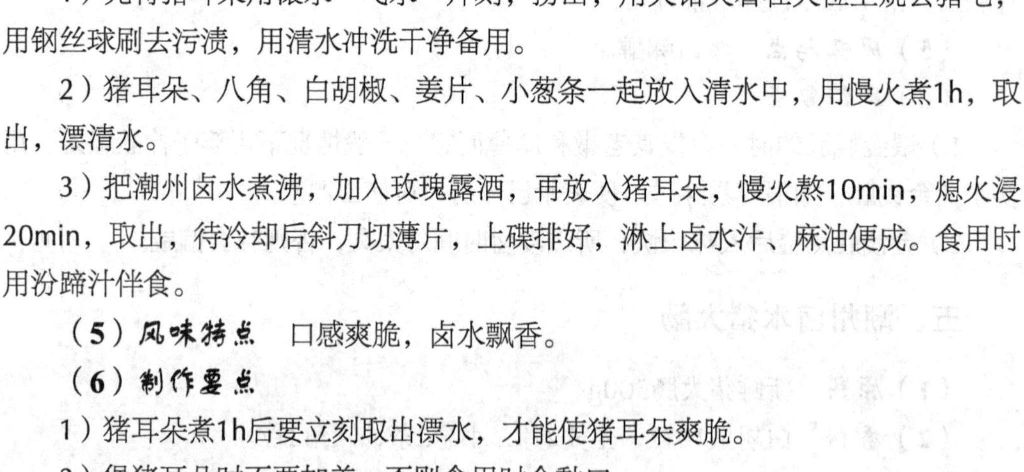

第三节　精卤水品种制作

一、玫瑰豉油鸡

玫瑰豉油鸡原称卤水豉油鸡，说到此鸡的名气在粤菜确实非常之大，可以说是粤菜卤味之中得意佳作。从冠以广东油鸡之称，乃至目前还有很多卤水熟食档依旧称油鸡档就可以说明一切。此款鸡肴始创于20世纪30年代广州陆羽居酒家旗下一个外号俗称捞松（老兄）敖的手中，以它的皮爽肉滑、骨透芳香的口感，甚获食家们的一致好评，并因此开创了粤味卤水的一番新天地。

（1）**用料**　清远鸡1只（约750g），精卤水5000g。

（2）**调料**　玫瑰露酒5g，麦芽糖30g。

（3）**制作方法**　卤浸：烹制此鸡有两种取脏的方法，一种是在右翼底开小口取脏，菜肴名称为桶子油鸡。另一种由尾部开肚取脏，菜肴名称为玫瑰豉油鸡或广东油鸡。浸制时手法大致相同，不同之处是，桶子油鸡应插入约3cm长的小竹桶在鸡肛门口，以利卤水流通。待精卤水到菊花心为度的水温时，左手提鸡颈，右手提鸡腿，灌入热卤水入鸡肚中，反复数次，以令鸡只内外温度一致，然后才将鸡投入卤水之中，待精卤水重回菊花心的水温，即可熄火，浸约15min便可，捞起时淋上玫瑰露酒和抹上麦芽糖即可增加香味、光泽和避免鸡皮干结。

提示：

1）在传统习惯上，通常在起鸡之前会淋入少许的山西汾酒以增加酒香，但笔者认为有利也有弊，原因是酒虽可增香但同时会腌松鸡肉，失去爽口之感，除非即浸即吃。

2）由于过去没有制冷设备，故在传统上制作此鸡没有提倡过冷这一工序。在尊重原创的同时，笔者赞成采用过冷这一工序，以提高鸡皮爽滑的效果。

二、火朣豉油鸡

火朣豉油鸡是继玫瑰豉油鸡之后创制出的一款鸡肴，从它的配方看，它一改过去着重香料的配用，而是着重利用金华火腿和各式肉料熬制味鲜浓香的卤水，既取贵妃鸡的原味清香，又取玫瑰豉油鸡酱红之色，但口感却秉弃后者肥腻之感。

（1）用料　清远鸡1只（约750g），火膧汁5000g。

（2）佐料　姜葱茸适量。

（3）火膧汁配方　金华火腿骨250g，金华火腿皮50g，猪腿骨250g，老鸡乸（老母鸡）100g，大地鱼25g，生抽700g，清水3000g，味粉5g，香叶10g，乙基麦芽酚3g，姜块150g，葱条200g。

（4）制作方法

1）卤水：先将金华火腿骨、金华火腿皮、猪腿骨、老鸡乸（老母鸡）“飞水”，然后放入煮滚的清水中，慢火细熬约10h，捞起金华火腿骨、金华火腿皮、猪腿骨、老鸡乸（老母鸡）等杂质，接着放入香叶和烧香的大地鱼，以及调入生抽、味粉、乙基麦芽酚、姜块、葱条，再滚约2h便可使用。

2）卤浸：诸如各式浸鸡类菜式一样，它的浸法都是灌入卤水、漏入卤水、浸水卤水等过程，务必令鸡只快速均匀地至熟。

3）过冷：同样道理，这一过程不仅可令鸡只迅速至冷，令鸡皮在热胀冷缩的物理现象中至爽，同时因鸡只继续受味，故可令鲜香之味更深入鸡肉和鸡骨之中。

三、卤水扎蹄

卤水扎蹄是粤味卤水制品中传统招牌品种之一，也为清末粤式满汉全席的凉菜瓮酝瑞蹄的主要原料，在20世纪三四十年代时曾一度成为酒楼食肆极受欢迎的菜肴之一。过去曾有人认为不会做卤水扎蹄就不是一个烧卤师。由于它皮爽味甘，的确令人回味，可惜因为制作过于复杂，以及烹调原料的不断挖掘，菜式的选择丰富多彩，此制品方逐渐退出舞台。

（1）用料　猪手1只，冰肉400g，肉眼400g。

（2）调料　生抽20g，精盐10g，幼砂糖20g，山西汾酒20g，精卤水2500g。

（3）佐料　汾蹄汁适量。

（4）制作方法

1）加工：先将冰肉和肉眼分别片成长约15cm、宽约5cm的薄片，用生抽、精盐、幼砂糖和山西汾酒将肉眼薄片腌好，受味后，用叉烧环穿起，挂在通风处稍微晾干，目的是使肉眼薄片硬身。待猪手用火净毛和刮干净后，在蹄背方向用刀从蹄尖处直拉一刀，再从蹄背刀口处将猪皮翻开小心地将脚骨起出，至蹄尖关节为止。然后猪皮向下，躺平放在砧板上，将干身的肉眼薄片和冰肉薄片叠起后（即行内所说的麒麟片），铺在猪手皮内，顺势将猪手皮和麒麟片用力卷紧，用两片长约15cm、宽约5cm的薄竹片分别直压在蹄尖处，令扎蹄外形饱满完整。

2）卤浸：待猪手被捆扎好后，放入菊花心为度的精卤水之中。其间要用竹签密插猪手，以防扎蹄内的水分排泄不出，弄爆猪皮，而影响美观。慢火浸焗约至够身，捞起凉透后，将竹片和水草拆去，再根据原来水草位再用水草扎紧，再放入热精卤水中浸约15min，捞起凉透便可。

四、汾酒牛肉

典故：汾酒牛肉

传说有一个庖子（厨师），回家正准备烹制一款牛肉菜肴，不巧牛肉刚买回家，就被传召去为一大官做菜，匆忙间，他只好用灶边白色粉末作盐把它腌上，就离家去了。第二天，他回家用水漂洗过牛肉之后，用卤水烹熟，熟后发觉牛肉变得香口，且有漂亮的酱红之色。庖子细问方知，原来他误放了妻子用于制作爆竹火药的硝。无意之中，却反而发现和开发了这个防腐、保鲜，可致肉质变得酱红之色的原料。从此人们便将它应用到熟食或腊味的加工上。在人身上还没有致癌案例，但为安全起见，提倡少用。

（1）**用料**　牛肉5kg。

（2）**调料**　生抽150g，精盐100g，山西汾酒150g，姜块150g，葱段150g，精卤水适量。

（3）**佐料**　汾蹄汁适量。

（4）**制作方法**

1）腌制：用生抽、精盐、山西汾酒、姜块、葱段放入钢桶之中调成腌料，将牛肉放入腌料中拌匀，然后将钢盆置入雪库之中，冷藏腌约2天，隔天翻拌一次，以令牛肉受味均匀。

2）卤浸：用以菊花心为度的清水焗浸至熟，不可焗煮过烂，以爽口（即用筷子容易插入）为度，再用清水漂冷，最后放入冰冻的精卤水浸约30min，取出前淋入适量的山西汾酒便可。

五、豉油皇乳鸽

（1）**原料** 杀好的乳鸽2只（约750g）。

（2）**调料** 精卤水1桶，玫瑰露酒15g，蜜汁20g。

（3）**制作方法**

1）将乳鸽斩脚去肺、喉、嗉囊，清洗干净，略“飞水”，备用。

2）煮沸精卤水，将乳鸽浸入，待鸽腔充满卤水时提起，如此反复3～4次，再原只放入，浸过鸽身，加入玫瑰露酒，用小火浸约20min，取出，稍冷却，涂上蜜汁便成。

（4）**风味特点** 皮软滑而肉甘香。

（5）**制作要点**

1）为了让鸽身内外受热均匀，更易入味、快熟，宜将乳鸽反复提起浸入。

2）加入玫瑰露酒可增加香味。

3）趁热涂上蜜汁，可增加成品光泽。

4）精卤水中加入适量的铁观音或水仙茶叶煮出味卤浸乳鸽，可演变成“茶皇乳鸽”。

六、豉油皇猪生肠

（1）**原料** 新鲜猪生肠500g。

（2）**调料** 精卤水1桶，食用碱水15g，麻油10g。

（3）**制作方法**

1）猪生肠洗净，放入食用碱水搅匀，腌制15min，冲洗干净，然后用热水略“飞水”，捞出，漂水30min，每隔10cm剪一小口，备用。

2）煮沸精卤水，放入猪生肠，搅匀，待卤水煮沸时，捞出，食用时切成5cm长的段，淋上麻油和卤水汁便成。

（4）**风味特点** 豉油味香，口感爽脆。

（5）**制作要点** 生肠漂水时，水流要大而猛，否则碱水味很难除净。

复习思考题

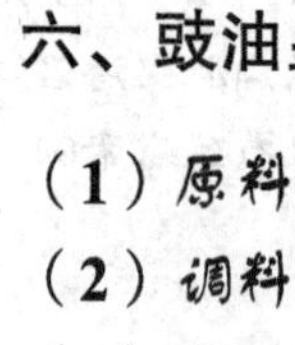

1. 简述精卤水的风味特点。
2. 简述精卤水的制作要点。
3. 尝试创新5款精卤水品种。

第四节　白卤水品种制作

一、白切鸡

中国民间一直就有无鸡不成宴的说法，粤菜尤甚，由于白切鸡的制作很大程度地保持了鸡只的原汁原味，而且较为清爽，实为广州人最普遍、最喜欢的吃法之一，因此很多粤式的酒楼食肆都会精选顶好的鸡种来制作此招牌菜式，以招揽客人。

（1）原料　清远鸡1只（约750g），白卤水1桶。

（2）佐料　姜葱茸适量。

（3）制作方法

1）浸制：将清远鸡宰净后，左手拿鸡颈，右手拿着鸡腿，将鸡身放入以菊花心为度的开水中。待鸡腔灌满开水后，再提起漏完开水，如此重复两三次，以令鸡身内外温度一致。然后才将鸡只完全投入开水中，待水温重回到菊花心的水温时，用手横拿长竹筷子，夹紧鸡颈提起鸡只，漏完鸡腔内的热水。再将鸡放入水中，此时便可熄灭火，浸约15min便可，以手捏鸡脚筋部已断为熟。

2）过冷：待鸡只被浸熟之后，应马上投入冰冻的清水之中，令鸡皮迅速收缩，达到鸡皮至爽的效果，这段时间应控制在15min以内，以免鲜味流失。

注意：

1）如果鸡身缺乏黄油，可适当调入少量的黄姜粉。

2）白切鸡虽然制作非常简便，但其重点不仅在烹调火候的掌握，而且对选料方面也非常讲究。在粤菜烹饪中，吃鸡吃出文化的广州人，对鸡种和肉质不佳的白切鸡是很难过骨（敷衍过去）的，所以食肆必须选用1000g以下、750g以上的走地鸡。其代表有清远洲心鸡、龙门胡须鸡、海南文昌鸡和番禺禺北鸡等。肉质还要追求肉紧而不韧的境界，以及良好的制作工艺等。

二、贵妃鸡

此鸡肴的成功创制，一是有赖于科学技术的进步——制冷的发明，二是厨师厨技的炉火纯青——过冷的运用；两者的配合再加上浓的药材卤水香，使得即时烹出鸡皮爽滑、肉紧味鲜、骨中带香的效果，难怪食家非以历史大美人杨贵妃的称号来形容此菜不可。

（1）用料 清远鸡1只（约750g），贵妃鸡水。

（2）佐料 姜葱茸适量。

（3）制作方法

1）浸制：在烹制此菜式之前，必须准备两桶鲜香的白卤水，一桶是用来浸鸡，另一桶放入冰槽或雪柜冰冻用于过冷。待这些准备好及鸡只宰杀洗净后，左手拿鸡颈，右手提起鸡腿，将鸡身放入以菊花心为度的白卤水中，待鸡肚灌满白卤水后，提起漏完卤水。如此重复两三次，目的是令鸡身内外温度一致，然后才将鸡只完全投入白卤水之中。待卤水重到菊花心的水温时，用右手横拿长竹筷子，夹紧鸡颈小心提起鸡只，漏完鸡腔内的热卤水，再将鸡只放入卤水中，此时便可熄火，浸约15min便可，以手捏鸡脚筋部已断为熟。

2）过冷：待鸡被浸熟后，即刻投入雪藏至冰冻的白卤水之中，避免因鸡皮水汽蒸发而干结，同时迅速提起鸡只，漏完鸡肚内的热卤水，利用热胀冷缩的原理令鸡皮至爽。还有一点，过冷的时间应控制在15min，避免因泡水的时间过长导致鸡味流失。

注意： 烹制此菜，选鸡非常重要，本地鸡有清远洲心鸡、封开杏花鸡、海南文昌鸡、龙门胡须鸡、番禺禺北鸡可供选择，基本上光鸡以750～1000g的为佳，最好还要食谷物和走地。同时还应在杀之前先槽肥，如此之鸡方会黄油充足、鸡身饱满以及鸡味鲜香。

三、金华玉树鸡

（1）原料 白切鸡1只。

（2）佐料 金华火腿70g，菜心300g，北菇300g。

（3）制作方法 将白切鸡连皮将肉起出，并将皮肉、金华火腿和焖香的北菇改成24件同等大小的长方件，然后北菇在底，金华火腿在中，鸡肉连皮在面，分三行排列在鱼碟中；鸡翼斩去大翼，留翼尖，并起出中骨放在麒麟鸡片旁边，再将鸡头、鸡（腿）尾关节放上，砌成鸡形；菜心加味炒熟后，分四行排列伴在肉边；最后淋上薄芡在鸡面便可。

小知识： 此款金华玉树鸡是粤菜著名品种，始创于清末民初广州著名食府聚丰园，新中国成立后由位于小北路的北园酒家经营。

四、白切五花肉

宋朝诗人和美食家苏轼在黄州当太守时，发现当地的猪肉非常便宜，却少人烹食，于是他亲自下厨巧手制作了著名的东坡肉，并撰写《猪肉颂》去导人烹制，“黄州好猪肉，价贱如粪土，富者不肯吃，贫者不鲜煮，慢著火，少著水，火候足时他自美，早晨起来打两碗，饱得自家君莫管”。不过时过境迁以及科学的进步，烹制猪肉的手法已远不止那一味东坡肉的美味佳肴了。

（1）**用料**　有皮五花肉1500g，白卤水2500g。

（2）**佐料**　蒜茸油或汾蹄汁适量。

（3）**制作方法**

1）浸制：将有皮五花肉上的猪毛用火去除，用清水刮洗干净后，放入以菊花心为度的开水之中浸熟。

2）过冷：待五花肉浸熟后，捞起放入冰冻的卤水之中，浸泡约30min便可食用；平时浸泡在卤水中，摆放入冰箱方可。

提示：

1）在制作的过程中，不论是用清水煮熟或用卤水直接浸熟，有一点很重要，就是过冷的过程，这一过程不仅可避免因猪肉捞起，水气不断蒸发，导致表皮干结或起胶，而且可利用热胀冷缩的原理使猪皮至爽及令猪肉汁润。

2）白切五花肉只讲求味，不太着重色，如卤浸出的表皮色泽较深者，则称为卤水五花肉。

五、佛山汾蹄

此菜在首创之时，曾以佛山熏蹄著称，可能当初设计此菜时的原意是用湿熏的概念，因为其爽口味浓，制作方便，一度成为20世纪80年代后必备的卤水制品之一，以蒜茸和白醋调制的汾蹄汁也在此时产生，不过由于它和熏并无牵连，故后来菜谱上较乐意采用佛山汾蹄这个菜名。

（1）**用料**　圆蹄2只，白卤水1桶。

（2）**佐料**　汾蹄汁适量。

（3）**制作方法**

方法一：先将圆蹄净毛和刮洗干净后，用刀在圆蹄两边肉薄之处落刀，起出两块完整的中蹄肉。然后将肉边卷叠好，分别用纱布包裹，用绳扎紧。接着放入以菊花心为度的白卤水中，慢火浸焗约30min，捞起再放入冰冻的白卤水之中浸泡至冷便可。

方法二：先将圆蹄净毛和刮洗干净后，将圆蹄放入清水之中，在以菊花心为度的水温中浸焗约30min后，捞起用清水漂冷漂爽，并洗刮净表面胶质，晾干水分后，用保鲜盒盛起，加满冰冻的白卤水和少许的山西汾酒，盖上盖，置入冰箱中冷藏备用。

六、白云猪手

典故：白云猪手

相传白云山麓的白云仙观，曾有两个道童非常嘴馋。有一次，趁仙观住持下山化缘后，他们偷偷去街市弄来一只猪手，便在山间烹煮，不料猪手刚刚被煮熟，住持却化缘归来。道童担心此事被住持发现后，会受到惩罚，慌忙将猪手扔到山溪流水之中。不巧被路过的樵夫发现，觅得这只猪手，便带回家中，用糖醋调味而食，不料却烹得晶莹澄澈、皮脆肉爽、甜酸适中的猪手来。这个泡制猪手的方法，便很快在省城流传开来。因烹制手法来源于白云山麓，所以被称为白云猪手。仿效者根据典故，还专门取白云山九龙泉水泡浸，以增加去解油腻的功效。

（1）**用料**　猪手2500g。

（2）**调料**　白醋1500g，幼砂糖500g，冰糖200g，精盐60g，柠檬丝50g，香叶10g。

（3）**佐料**　汾蹄汁适量。

（4）**制作方法**

1）煮制：将猪手刮去毛洗净后（若想雪白之色，可将猪手表皮完全烧焦，用清水泡软烧焦组织后，用刀刮净），放入清水之中慢火焗煮约30min捞出，用清水冲漂1.5h取出，用刀剖开斩成块。然后用清水将猪手块慢火煮约20min捞起，再用清水漂1.5h取出，晾干水分。

2）浸制：洗净铁锅，放入白醋滚至菊花心的水温，加入幼砂糖、冰糖、精盐慢火煮溶，待幼砂糖和冰糖溶解后用洁布过滤，倒入钢盆和瓦盆之中（切不可用铝盆盛载），趁热加入柠檬丝和香叶。待糖醋汁冷却后将猪手块放入，用保鲜纸封好浸约6h，上菜时捞起盛入碟中，撒上五柳（用瓜英、锦菜、红姜、白酸姜、酸荞头制成）即成。

七、白云凤爪

白云凤爪的制作概念很大程度取材于粤菜名菜白云猪手。由于鸡爪较猪手为腥，故在糖醋上下了很大功夫，一改白云猪手传统只用白醋幼砂糖调味，而是除改用浓缩青柠汁之外，还加入了香叶、甘草和陈皮，以增添凤爪的清香。

（1）用料　美国大凤爪（鸡脚）2500g。

（2）调料　浓缩青柠汁1500g，冰糖450g，精盐50g，柠檬丝50g，香叶10g，甘草15g，陈皮5g。

（3）佐料　汾蹄汁适量。

（4）制作方法

1）加工：先用钢桶煲滚约为凤爪的三倍量清水，放入凤爪，待有少量凤爪浮面时，熄火盖上盖，焗约3h，至够身为度，捞起用清水漂去油脂和胶质（捞起时先加入清水令温度降低，不致凤爪捞烂），沥干水分，最后用剪刀剪爪甲和开边备用。

2）卤浸：将冰糖置入蒸炉中蒸溶后，与浓缩青柠汁、精盐、柠檬丝、香叶、甘草和陈皮和匀，再放剪甲开边的凤爪（鸡脚）入内，用保鲜纸封好，置入冰箱冷藏备用。

八、白切狗肉

狗又称犬，为人类驯养最早的家畜之一，同时烹食狗肉也有悠久的历史。早在东周《礼记·脍》中有孟秋之月，天子食麻与犬的记载。秦汉时期食狗之风已相当盛行，汉高祖刘邦非常嗜食，至今徐州还有沛公狗肉的名肴。因狗肉味道鲜美，故民间有肥羊不如瘦狗之说。由于狗肉本身带有土腥味，故烹制时应以姜蒜等料头加以辟除。此菜原是雷州半岛一带的特色食物。

（1）用料　肉狗1只（约4500g）。

（2）卤料　淡二汤50kg，姜块100g，陈皮25g，花椒（川椒）50g，葱段100g，绍兴花雕酒50g。

（3）佐料　香蒜汁、腐乳酱、芝麻酱、辣椒油适量。

（4）制作方法

1）开膛：先将宰好、去脏的狗肉放在点燃的禾秆草上细火烧去幼毛，用清水漂软和漂清血色后，用小刀刮净焦黑之处，然后剖开狗头取出狗脑，剔去脊骨和四柱骨，将手脚套入腩位中，用水草捆扎成团。

2）浸制：待狗肉捆扎好后，放入已爆香蒜头的热油中浸炸，目的是辟去肉中的腥气，然后待淡二汤烧至菊花心为度的水温时，将狗完全浸入，同时加入姜块、陈皮、花椒（川椒）、葱段和绍兴花雕酒，用慢火焖煮约45min。

3）过冷：待狗肉浸熟后，捞起放入另一桶冰冻的浓香白卤水中，再浸泡，务求抑制表皮胶质流出和至表皮爽滑。

九、卤水猪肚

卤水猪肚这款菜式具有能爽能软的风格，吸引着各大菜系的青睐，可见此原料的魅力所在，尤其是其肚顶之处，更令众多厨师悉心为它度身定做款款的美肴。

（1）用料　猪肚1只，白卤水1桶。

（2）佐料　汾蹄汁适量。

（3）制作方法

1）加工：将猪肚翻开，除去肚内膜油，复位后放入70℃的热水中，搅动烫水，取出刮去肚顶上的白衣，洗净肚身上的黏液，再用清水冲洗干净。用刀在猪肚横切开一小口，以利加温时疏气，然后放入清水中，用中火煲焗至软。在煲焗猪肚时，应将猪肚压入水底，不要让猪肚在煲煮过程中与空气接触，以防猪肚与空气接触后变黑。

2）卤浸：待猪肚煲焗至软和用清水漂爽后，放入冰冻的卤水中，浸至入味即可。

十、姜葱霸王鸡

（1）原料　白切鸡1只。

（2）配料　生姜25g，肉葱4条，红尖椒10g。

（3）调料　生抽王10g，清水10g，味粉6g，美极鲜酱油10g，砂糖5g，老抽3g，麻油5g，花生油60g。

（4）制作方法

1）将提前做好的白切鸡斩件装盘，砌成整鸡形，待用。

2）把配料切成细丝，拌匀，撒在白切鸡上面，备用。

3）烧锅下油，烧热，淋在配料上面。

4）重新起锅，放入调料，煮溶，淋在鸡碟旁边即可。

（5）风味特点　旧菜新吃，香气扑鼻，皮爽肉嫩，味鲜。

小知识：霸王鸡因姜、葱、辣椒在淋油时所散发出的那种香气扑鼻而得名。此菜亦可多加入红葱头片，又名“红葱头淋鸡”，别具一番风味。

十一、白切乳猪

（1）原料　乳猪1只（约3000g）。

（2）香料　当归10g，香叶10片，砂姜10g，草果2粒，甘草10g，生姜2片，小葱2条，白胡椒10粒。

（3）佐料　砂姜豉油150g，日本芥辣20g，万字酱油30g。

（4）制作方法

1）将乳猪平放，肚向上，背向下，用大刀从猪头下颚的部位斩开，用手压平，取出猪脑。

2）将猪身从脊骨中间破开，摊平，取出整排排骨和膊骨、扇骨、猪后腿筒骨和尾骨，洗净待用。

3）烧热水，放入香料和去骨乳猪，待水沸后转慢火熬30min至熟，取出，待凉，切件装盘做造型。食用时用砂姜豉油、日本芥辣和万字酱油伴食。

（5）风味特点　清香，肥而不腻，皮爽肉嫩。

（6）制作要点

1）斩乳猪时要去干净不需要的肉和骨。

2）掌握好熬制的时间和熟度。

3）乳猪不宜选用太大的。

十二、白切东山羊

（1）原料　新鲜宰净东山羊1只（约7500g）。

（2）**香料** 竹蔗250g，砂姜20g，当归、香叶、甘草各15g，草果3粒，白胡椒10粒（拍碎），生姜片4片，小葱4条。

（3）**调料** 盐粉150g，冰糖500g，鸡粉100g。

（4）**佐料** 普宁豆酱20g，腐乳1块，花生酱、砂糖各15g，清水150g，麻油10g。

（5）**制作方法**

1）将东山羊去头，拆去脊骨和排骨，起出扇骨，切下羊腿。将已去排骨的羊腩分两边，分别用竹笪卷成圆筒形，用竹签固定。

2）锅中加入清水，放入香料、羊腩、羊腿，用慢火煲约45min，捞出，漂清水。

3）取步骤2中的汤水2500g，加入调料，等味料溶解后，熄火冷却。

4）将已漂水晾凉的羊腿去掉筒骨，和羊腩一起放入冷却的汤汁里浸入味（约10h，可放入冷柜保存）。

5）调制佐料：将普宁豆酱、腐乳、花生酱用搅拌机打烂取出，放入清水、砂糖、麻油煮滚便成。食用时羊肉切片摆盘，与佐料伴食即可。

（6）**风味特点** 肉质鲜嫩，爽口，无羊膻味，气味芬芳。

小知识： 海南省万宁市的东山羊，在宋代时已久负盛名，并列为贡品。据说东山羊吃的是东山岭的鹧鸪菜、红刺叶，饮的是甘泉，故绝无半点羊膻味。

十三、脆皮乳鸽皇

脆皮乳鸽皇又称红烧乳鸽皇等。用乳鸽制作菜肴，在我国已经有几千年历史。鸽子原名鹁鸽，即从孵化脱壳到羽毛丰满前的雏鸽，长至满月即可食用。因其骨酥肉嫩，且营养丰富，是较为理想的食物补品，素有一鸽胜九鸡之誉。在粤菜的各大酒楼食肆甚至用它替代鸡馔作为自己的招牌菜。

（1）**用料** 乳鸽500g，白卤水2500g。

（2）**糖浆配方** 白醋500g，绍兴花雕酒100g，鲜柠檬片100g，嫩肉粉5g，麦芽糖125g。

（3）**佐料** 淮盐、喼汁适量。

（4）**制作方法**

1）加工：去净乳鸽内脏，洗净血水，略“飞水”，备用。

2）卤浸：煮沸白卤水，放入乳鸽在滚动的卤水之中，此时可收火，用卤水的余温将乳鸽浸至九成熟。

3）上皮：待乳鸽浸熟后，将其放入调匀的糖浆之中，涂匀表皮，再用叉烧环穿入鸽眼，吊挂在通风干燥的地方，让乳鸽的表皮风干。

4）淋油：待乳鸽表皮干爽和上菜时，烧热油，将乳鸽吊挂在油面上，用锅壳不断淋上热油在乳鸽身上，让乳鸽均匀上色，最后用鸭尾针刺入表皮，以利排去表皮内的气体，令表皮服帖，使脆化效果更佳。

注意：最佳的脆皮乳鸽是皮脆、骨香、肉滑带汁。要做到这一点，第一必须是将乳鸽浸至九成熟即可，过熟则做不到肉滑带汁。第二是风干得当，过干同样做不到肉滑带汁的效果，过湿则影响皮脆。第三是在淋油的后期要用鸭尾针刺入乳鸽表皮，再淋上热油，以令表皮收紧，不致因表皮膨胀而失去皮脆的效果。

十四、东江手撕盐焗鸡

典故：东江手撕盐焗鸡

此款东江盐焗鸡并非东江菜系的传统菜式，实称手撕盐焗鸡，只是广州的一间叫东江饭店首创的招牌菜。此饭店本来就是经营东江菜，招牌菜是用热盐焗的鸡（即以上介绍的正宗盐焗鸡）。传闻有一次饭店盐焗鸡刚好售完，却有一位外地客人慕名而来，一定要点食该店的盐焗鸡。为不让此食客失望，厨房师傅情急之下用白切鸡创出此鸡，谁知却一炮打响，因此名声在外。

（1）**原料** 白切鸡1只。

（2）**调料** 砂姜粉25g，精盐5g，味粉5g，鸡粉5g，猪油100g，芝麻油10g，白芝麻3g。

（3）**佐料** 盐焗料适量。

（4）**制作方法**

1）加工：将白切鸡颈斩出，沿鸡背将鸡开边，然后左手拿着鸡翼，右手提刀，找出翼关节并将其分离，左手顺势将鸡肉与鸡胸骨撕离，之后斩出鸡翼，将鸡皮向下，刀口沿鸡腿中线切下，取出鸡腿骨，此时便可将此皮与肉分离。

2）肉撕成细条，皮改成方块，鸡骨斩碎，分别用精盐、味粉、鸡粉、猪油和芝麻油和匀的盐料拌匀，骨在底，肉在中，皮在面，鸡头、鸡翼和腿关节砌成鸡形，最后在鸡面撒上白芝麻即可。

（5）**风味特点** 色泽金黄，皮爽肉嫩，肉骨鲜香，型格逼真。

（6）**制作要点**

1）选用的白切鸡要嫩滑。

2）鸡肉一定要手撕，若用刀切则会有砧板腥味，菜肴成品大打折扣。

3）皮、肉、骨要分离。

4）造型紧凑，美观逼真。

5）鸡丝拌味时放入适量香菜、酸荞头、红椒丝、海蜇丝风味更佳。

复习思考题

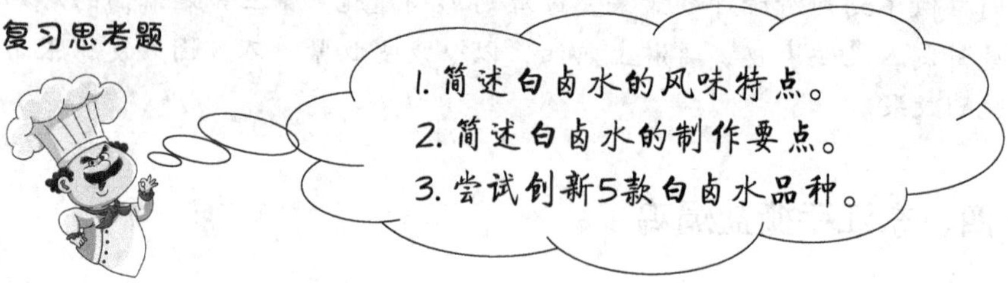

第五节 盐焗风味品种制作

粤式卤水、潮州卤水和客家盐焗卤水在广东美食中三足鼎立，各有千秋。近年来，由于客家盐焗卤水以其色泽诱人、口感爽脆、齿颊留香、方便携带而大受欢迎，俨然一道“忽如一夜春风来，千树万树梨花开”的景象出现在大街小巷。本节讲述的盐焗并非真正的“焗”，而是用调制好的盐焗卤水汁卤制或拌味而成，特此说明，以免误解。

一、盐焗凤爪

（1）**原料** 美国大鸡爪500g。

（2）**调料** 盐焗卤水适量，麻油5g。

（3）**制作方法**

1）洗净鸡爪，略“飞水”备用。

2）把鸡爪放入煮滚的盐焗卤水里，熄火浸焗约30min至原料浮面，捞起，漏干卤汁，放在盘里，摊开，风干，淋入麻油便可。

（4）风味特点　皮爽脆，骨入味，色泽鲜艳，嚼劲十足，齿颊留香，回味无穷。

（5）制作要点

1）卤制鸡爪时火候不能大，时间不能久，否则易爆皮。

2）成品卤制好后要风干再食用才有口感。

提示：盐焗风味小吃品种繁多，制作方法类同于“盐焗凤爪”，如盐焗鸡翅、盐焗鸡腿、盐焗鸭肾、盐焗鸭下巴、盐焗鸭脖子、盐焗火鸡翅等。

二、盐焗猪肚

（1）原料　猪肚1只。

（2）盐焗料配方　砂姜粉500g，味粉300g，精盐250g，客家盐焗鸡粉250g，幼砂糖50g，猪油500g，芝麻油800g。

（3）制作方法

1）洗猪肚：将猪肚翻开，清除肚内膜油，翻回，放入70℃的热水中，烫至有白衣起皱，取出，刮去白衣，洗净肚身上的黏液，再沿边切一小口，逼出藏于里面的脏水，之后用清水冲洗干净。

2）煮猪肚：将洗净的猪肚用清水慢火煮至够身，即用筷子容易插入为度，捞起，用清水漂清爽。

3）拌味：将猪肚切成细丝或薄片，漏干水分，放入调好的盐焗料，拌匀即可。

（4）风味特点　肉料爽而不韧，味道浓香，令人回味。

（5）制作要点

1）掌握好盐焗的配方用量。

2）猪肚要清洗干净并掌握好煮的时间和熟度。

3）猪肚切好后放入冰箱冷藏片刻再取出凉拌，口感更佳。

复习思考题

1. 简述盐焗卤水的制作要点。
2. 简述盐焗卤水品种的风味特点。
3. 尝试创新5款盐焗卤水品种。

第四章　凉菜品种制作

第一节　凉菜制作的方法

凉菜是用来制作冷盘的主体原料。通过各种不同的成熟方法，将原料加工成符合制作要求的熟制品，这一过程称为凉菜材料的制作。

凉菜的加工成熟，其意义不完全等同于热菜的加热成熟。它既包含了通过加热调味的手段将原料加工成熟，也包含着直接调味将原料制“熟”，而不通过加热的方式。因此，从这个意义上来讲，凉菜的许多制熟方法是热菜烹调方法的延伸、变革或者是综合运用。

凉菜的制作，从色、香、味、形、质等诸多方面，较之热菜有所不同。凉菜的制作具有其独立的特点，与热菜的制作有明显的差异。如何才能制成符合凉菜制作需要的原材料，这就要求我们要熟悉并掌握凉菜制作的常用方法。

一、卤

将经过加工整理或初步熟处理的原料投入事先调制好的卤汁中加热，使原料成熟并且具有良好香味和色泽的方法称为卤。

卤法是制作凉菜的常用方法之一。加热时，将原料投入卤汤（最好是老卤）锅中用大火烧开，改用小火加热至调味汁渗入原料，使原料成熟或至酥烂时离火，将原料提离汤锅。卤制完毕的材料，冷却后宜在其外表涂上一层油，一来可增香，二来可防止原料外表因风干而收缩变色。遇到材料质地稍老的，也可在汤锅离火后仍旧将原料浸在汤中，随用随取，既可以增加（保持）酥烂程度，又可以进一步入味。

按卤菜的成菜要求，通常将卤法的操作过程设计如下：调制卤汤→投放原料→旺火烧开改小火→成熟后捞出冷却。

首先是调制卤汤。卤制菜肴的色、香、味完全取决于卤汤。行业中习惯上将卤汤分为两类，即红卤和白卤（亦称清卤）。由于地域的差别，各地方调制卤汤时的用料不尽相同。大体上常用的调制红卤的原料有：红酱油、红曲米、黄酒、葱、姜、冰糖（幼砂糖）、盐、味粉、大茴香、小茴香、桂皮、草果、花椒、丁香等。制作白卤汤常用的原料有：盐、味粉、葱、姜、料酒、桂皮、大茴香、花椒等，加水熬成，俗称“盐卤水”。无论红卤还是白卤，尽管其调制时调料的用量因地而异，但有一点是共同的，即在投入所需卤制品时，应先将卤汤熬制一定的时间，然后再下料。

其次，在原料入卤汤前，应先除去腥臊异味及杂质。动物性原料一般都带有血腥味，因此卤制前，通常要经过焯水或炸制等方法，一来使原料的异味去除，二来可使原料上色。

再次，把握好卤制品的成熟度，卤制品的成熟度要恰到好处。卤锅卤制菜品时通常是大批量进行，一桶卤水往往要同时卤制几种原料，或几个同种原料。不同的原料之间的料性差异很大，即使是同种原料，其个体差异也是存在的，这就给操作带来了一定的难度。因此，在操作的过程中，首先要分清原料的质地。质老的置于锅（桶）底层，质嫩的置于上层，以便取料。二是要掌握好各种原料的成熟要求，不能过老或过嫩（此之老嫩，非指质地，而是指原料加热时的火候运用程度）。三是要注意，如果一锅（桶）原料太多时，为防止原料在加热过程中出现结底、烧焦的现象，可预先在锅（桶底）底垫上一层竹垫或其他衬垫物料。四是要熟练掌握和运用火候。根据成品要求，灵活恰当地选用火候。习惯上认为，卤制菜品时，先用大火烧开再用小火慢煮，使卤汁之香味慢慢渗入原料，从而使原料具有良好的香味。

老卤的保质也是卤制菜品成功的一个关键。所谓老卤，就是经过长期使用而积存的卤汤。这种卤汤，由于加工过多种原料，并经过了很长时间的加热或摆放，所以其质量相当高。因原料在加工过程中，其鲜味物质及一些风味物质溶解于汤中且越聚越多而形成了复合美味。使用这种老卤制作原料，会使原料的营养和风味有所增加，因而对于老卤的保存也就具有了必要性。通常认为对老卤的保存应当做到以下几个方面：定期清理，勿使老卤聚集残渣而形成沉淀；定期添加香料和调料，使老卤的味道保持浓郁；取用老卤要用专门的工具，防止在存放过程中使老卤遭受污染而影响保存；使用后的卤水要烧沸，从而相对延长老卤的保存时间；选择合适的盛器盛放老卤。

卤在凉菜材料的制作中使用广泛，其原料的适用范围一般是动物性原料，包括鸡、鸭、鹅及畜类的备种内脏；野味也是常用原料；极少数也有以植物性原料加工的，其料形一般以大块或整形为主，原料则以鲜货为宜。常见品种有：卤猪肝、卤鸭舌、盐水鸭、卤香菇等。

二、冻

冻，亦称水晶。系指用猪肉皮、琼脂（又称石花菜、冻粉等）的胶质蛋白经过蒸或煮制，使其充分溶解，再经冷凝冻结形成凉菜菜品的方法。

制冻的方法分蒸和煮两类。习惯上认为蒸法较优。因为冻制菜品通常的质量要求是：清澈晶亮，软韧鲜醇。蒸法在加热过程中是利用蒸汽传导热量；而煮则是利用水沸后的对流作用传导热量。蒸可以减少沸水的对流，从而使冷凝后的冻更澄清、更透明。

饮食行业中加工冻制菜品习惯上有两种类型。

1. 皮胶冻法

用猪肉皮熬制成胶质液体，并将其他原料混入其中（通常有固定的造型），使之冷凝成菜的方法称为皮胶冻法。在实际操作过程中，根据其加工方法的不同又可以分为花冻成菜法和调羹成菜法（盅碟成菜法）。所谓花冻成菜法，就是将洗净的猪皮加水煮至极烂，捞出制成蓉泥状（或取汤汁去皮），加入调味品，淋入蛋液，亦可掺入诸如干贝末、熟虾仁细粒，并调以各式蔬菜细粒，后经冷凝成菜，成品具有美观悦目、质韧味爽的特点，如五彩皮糕、虾贝五彩冻等。调羹

（盅碟）成菜法是指在成菜过程中需要借助于小型器皿如调羹、盅、碟（或小碗）等，制作时，取猪肉皮洗净熬成皮汤，取盅碟等小型器皿，将皮汤置于其中，放入加工成熟的鸡、虾、鱼等无骨或软骨原料（按一定形状摆放更好），经冷凝成菜。用此法加工的冻菜，除猪肉（用于制作肴肉）外，一般都宜将原料加工成丝状或小片、细粒等。调味亦不宜过重，以清淡为主。此法在行业中使用较普遍，如水晶鸡丝、水晶鸭舌等。

冻成菜的先决条件是冻的制作。首先是所用肉皮必须彻底洗净，应达到无毛、无杂质油脂。因此在正式熬制前应先将肉皮焯水后将肉皮内外刮净，清洗后改成小条状，便于熟烂。其次熬制皮汤时，要掌握好皮汤中皮与水的比例，一般认为以1：4为宜。

若汤水过多，则冻不结实；若汤水过少，则胶质过重，韧性太强。皮汤凝结后一般以透明或半透明为主，所以在熬汤时除了用盐、味粉、葱结、姜块及少量料酒外，一般不用有色调料和调味用的香辛料，防止因使用有色调料而影响冻的成色。皮冻熬好后，根据成菜要求，添加所需调味品。

2. 琼脂冻法

琼脂学名石花菜，俗称冻粉。此法系指将琼脂掺水煮或蒸溶后，浇在经过预熟的原料上，冷却后使其成菜的方法。琼脂冻与皮冻比较，具有不同的质地和口感。通常情况下，琼脂冻较为脆嫩，缺乏韧性，所以一般用于甜制品制作的较多。有时也用于花色冷盘的衬底或掺入其他原料作凉菜的刀面原料。琼脂冻类的菜品操作比较简便，成菜具有色泽艳丽、清鲜爽口的特点。琼脂冻的操作要领体现在以下几个方面：所用琼脂一般为干品，使用前用清水浸泡回软后，洗干净，再放入清水中煮化或蒸溶。倘若是制作甜品，可不加水，掺入冰糖，蒸制待琼脂及冰糖溶化倒入事先备好的容器中冷凝成形。掌握好琼脂及水的使用比例。一般地说，琼脂都要加水熬制成菜，这就有个比例，即水加多了成品不宜凝结；水加少了，凝冻质老，易于干裂，口感欠佳。琼脂与水的比例一般控制在1：10左右为宜。

根据用途不同，琼脂在熬制过程中可适量添加一些有色原料，以丰富菜品色彩。例如，倘若要做“海南晨曲”这样一个花色冷盘，可将绿色素加入到熬制的琼脂中搅匀，倒于盘中使之冷凝近似于海水；也可将可可粉或咖啡调入琼脂中，使之凝结成褐色的冻，用于花色冷盘切摆刀面。

琼脂冻类菜品若无特殊用途，通常要借助于一定的成形器皿来完成，如“草莓琼脂冻”“牛奶琼脂果杯”等。

另外，近年来也常用鱼胶制作冻类冷盘材料。用鱼胶来制作冷盘材料，更多的适宜用味较浓烈或色较重的菜品类型，如“辣香鱼冻”“果味鱼冻”等。

冻制菜品是凉菜制作中常见的一种形式。适合于冻法成菜的原料很广泛，通常来说，大多数无骨细小的动物性原料适宜用皮胶冻法成菜；大多数植物性原料特别是水果类原料适用于琼脂冻法。常见菜品如“水晶看蹄”“双色水果杯”“水晶西瓜球”等。

三、熏

所谓熏就是将经过腌制加工的原料经蒸、煮、卤、炸等方法加热预熟（或直接将腌制入味的生料），置于有米饭锅巴、茶叶、糖等熏料的熏锅中，加盖密封，利用熏料烤炙散发出的烟香和热气熏制成熟的方法。

熏法由来已久，在实际操作过程中，习惯上认为熏常用于3个方面：用来加热、干制或腌制原料。由于熏类原料具有独特的风味，且需大量的经常性的供应，为了使这类原料的保质期能够得到有效的延长，故而采用此法加工。著名品种如各式火腿、各式腊肉等，用来加工制作热菜。用这种方法加工制作凉菜的不是很多。因为熏过的菜肴有较明显的烟香味，可以增加菜肴的主味。

熏制菜肴的原料多用动物性及海味品为主，如猪肉、鸡、鸭及蛋类等。极少数的植物性原料也可用于此法。熏制的原料一般都是整只或整块、整条的，熏制前一般要经过水烫卤制或加味煮制、腌味蒸制等方法处理。熏制时，需用熏锅。一般过程是：熏锅内撒匀适量红（白）糖、茶叶、锅巴等置于慢火上，在各料上置熏架（可以是铁丝网格，也可以用竹筷搭成），铺上葱，排上需熏原料，加盖。待烟弥漫于锅内约5min后，将熏制的原料翻身，再熏制约3min后，将锅离火，至锅底冷却，烟香逸尽后即成。为使熏制菜品具有特殊香味，且色泽光亮，应当做到：原料成熟入味后，取出时宜用洁布擦干水，保持干爽状态，否则会影响熏制成品的质量。原料应保持在高温下熏制，原料在温度降低或冷却时熏制则不易上色，烟香味也不易渗入原料。若多料熏制时，摆放原料要有间隔距离，不宜过紧，不宜重叠，以使原料受熏均匀，上色一致，并且在熏制时保持恒温和密封，从而使烟香缓慢消失。另外，原料熏制成熟后，应在其外表涂抹一层油，能增其香味，同时会使原料油润光亮。

特别值得提出的是：熏类菜肴虽以风味独特而著称，但熏料处于高温后的焦煳状态，散发出的气体中会有影响人体健康的物质，所以应控制熏制菜品的运用。同时在熏制菜品时应注意以下几点：熏料宜用糖、茶叶、米饭锅巴等，应少用锯木屑、糠等非食用类原料。熏料的数量也应降到最低数量。熏制时，宜保持恒温，勿使原料过分焦煳，只使熏料烧透即可。熏制时，熏架上宜放葱、蒜等，既能增加原料的风味，又能缓和烟香中有害物质对人体的影响。严格控制熏制时间和熏制温度，原料以淡黄色为宜，因为在摆放过程中，空气的氧化作用会使颜色加深。原料熏成后，要趁热用洁净毛巾擦干水分，因为掺入原料表层的稠状混合物不溶于水而溶于脂肪，这样就能减轻不利物质对原料的渗透程度，再适量地涂抹上一层麻油，会使原料表面更加光亮。

熏制菜品以其烟香味独特而受到人们的青睐，常见的品种有“生熏白鱼”“毛峰熏鱼”“烟熏猪脑”等。

四、酥

酥是原料在以醋、糖为主要调味料的汤汁中经慢火长时间加热，令主料骨酥肉烂、味浓醇香的一种方法。

酥主要有两种形式：一种是硬酥，另一种是软酥。主料先过油再酥制的是硬酥；不过油而直接将原料放入汤汁中加热处理的为软酥。可以酥制的原料很多，肉、鱼、蛋和部分蔬菜均可作为酥制原料。酥制的主要环节在于制汤。其味型丰富多样，除以烧煮菜肴的基本味作为基本调味外，尚可加入五香粉或其他香料等调料。

酥制菜品一般都是相对批量生产，成品要求酥烂，因此首先应当防止原料粘底。因为在酥制菜肴过程中，不可能经常性翻动原料，甚至有的原料从入锅到出锅根本就无法翻动，所以一定要加衬垫物，并将原料逐层排放。其次，加料及汤汁的投放比例要准确，以免影响味道的浓醇。酥菜制作时间一般较长，故汤汁的投放应比一般菜肴略多一些。开始加热时，以汤汁略高于原料为度。再次，酥制菜品讲究酥烂，为防止原料的形态被破坏，加热完毕后，必须冷却后方可起料。

酥制菜品美味可口，常见的品种有“酥烽鳃鱼”“酥海带”“酥鸡肝”等。

五、腌

腌是将原料浸渍于调味卤汁中，或采用调味料涂擦、拌和排除原料水分和异味，使原料入味并使某些原料具有特殊质感和风味的方法。

在腌制过程中，主要调味品是盐。腌制菜品的成菜，植物性原料一般具有口感爽脆的特点；动物性原料则具有质地坚韧、香味浓郁的特点。腌制的原料一般适用范围较广，大多数的动、植物性原料均适宜于此法成菜。

在实际操作过程中，腌一般可以分为盐腌、醉腌和糟腌3种形式。这里之所以未将其他教材中出现的腌风、腌腊等纳入大分类法中，是因为腌风和腌腊仅是一种初加工的方法，而不是冷盘材料的成熟方法。经过腌风和腌腊的原料尚须经过蒸或煮后方可成菜，故不作为一种分类形式。至于腌拌，其内涵仍是盐腌。

1. 盐腌

盐腌是将盐放入原料中翻拌或涂擦于原料表面的一种方法。这种方法是腌制的最基本方法，也是其他腌法的一个必经工序。此法操作简单易行，操作中应注意，原料必须是新鲜的，且用盐量要准确。经过盐腌的原料，水分溢出，盐分渗入，可以保持原料清鲜脆嫩的口感。常见品种有“酸辣黄瓜”“辣白菜”“姜汁葛笋”等。

2. 醉腌

醉腌是指以酒和盐为主要调味料，调制好卤汁，将原料投入到卤汁中，经浸泡腌制成菜的方法。用于醉腌的原料一般都是动物性原料，通常是禽类和水产类居多。如果是水产品，则通过酒醉致死，不需加热，经过一段时间后即可食用；若是禽类原料，则通常要煮至刚熟，然后置于卤汁中浸泡，经过一段时间后便可食用。醉腌制品按调味品的不同可分为红醉（有色调味品，如酱油、红酒、腐乳等）与白醉（无色调味品，如白酒、盐等）。浸卤中成味调料的用量应略重一些，以保证成品菜肴的口味，浸泡必须经过一段较长时间后方可食用，否则不能入味。常见的品种有“醉蟹”“醉鸡”“醉虾”等。

3. 糟腌

糟腌是指以盐及糟卤作为主要调味卤汁腌制成菜的一种方法。糟腌之法类似于醉腌，不同之处在于醉腌用酒（或酒酿），而糟腌用糟卤（亦称香糟卤）。冷盘中的糟制菜品，一般多在夏季食用，因此类菜品清爽芳香，故而“糟凤爪”“糟卤毛豆”等均属于夏季时令佳肴。

六、挂霜

将小型原料加热成熟后在其外表包裹上一层幼砂糖霜的方法称为挂霜。

挂霜的实质是利用糖的再结晶原理。根据人们在日常工作中的运用，通常将挂霜分为葡萄糖粉挂霜法、直接撒糖粒挂霜法和熬糖挂霜法3种形式。其中以熬糖挂霜法为优。挂霜的原料一般是较小型的动、植物性原料，又以植物性原料居多。为了丰富菜品的口味，有时也可掺入可可粉、芝麻粒（粉）等。

挂霜类菜品的制作关键是熬糖。一般熬糖都采用水熬糖法。熬制糖液以前，应先将锅洗净，加入水和糖，通常认为水与糖的比例以1∶3～1∶4为宜，经小火熬制，待糖全部溶化后，加入预先成熟的原料，迅速翻拌均匀，并使之冷却凝结成霜。熬糖时，外观感觉是水泡由大变小且稠密，搅动时有一定阻力。如果掌握不住糖与水的比例，只要将糖的量多于水的量，然后慢慢加热使水分完全蒸发，使之变稠即可。

制作挂霜类菜品，应把握好加热原料的成熟环节。挂霜菜品除了要求色泽洁白、口味香甜以外，对于原料也有一定的要求，主要特色是脆、香。因此原料经过过油或炒制、烘烤时，应当严格掌握火候。少数动物性原料为使其达到口感外酥脆、里鲜嫩的效果，可先行采用挂糊、炸制，然后再挂霜成菜。

挂霜菜品是凉菜中常用的一类冷甜菜式，要求对熬糖挂霜有一个全面的了解。常见的菜品有“挂霜腰果”“挂霜生仁”“挂霜排骨”“挂霜酥吉圆”等。

七、炝

炝是凉菜制作中常用的一种方法，是凉菜材料制作的常用基本方法之一。

所谓炝，就是将动物性原料经过加热后拌以事先调好的卤汁或味油，或将各种调味品投入原料中再加热使之成菜的方法。

炝制菜品的原料以动物性原料为主，并且是经过加工后的小型易熟入味的原料；植物性原料的使用相对较少。炝制菜肴一般需要经过加热处理后入味，所以行业中习惯上将炝称为“熟炝”。

炝制菜品的制作方法，一般选用极其简单的成熟法，诸如“水余”“过油”等，从而使原料的质感得到保证。炝制菜品在预熟时一般都未经过调味过程，因此要求料形是相对较小的，宜于成熟和入味，通常以片、丝等形状居多。为了使炝制菜品具有浓郁的味道，在调味过程中以有一定刺激性味道的调味品为主，如胡椒粉、蒜泥等，并且经过调味后应当摆放一段时间，以便使其充分入味。在我国有些地区，也有将鲜活的小型动物性原料，辅以适当的调料炝食的。因而在调味过程中，一般均加入一定量的白酒和胡椒粉，充分达到调味的效果，如“腐乳炝虾”等。

炝制菜品，因其清爽适口的特点而备受人们的青睐。炝制菜品尤其适用于夏季。常见的品种有“炝腰片”“虾子炝芹菜”“炝软肝”“炝虎尾”等。

八、拌

拌是指将小型的极易入味成“熟”的植物性原料，经调味品拌和后直接食用的一种方法。

拌制菜品在操作的调味方式上与炝有类似之处，其不同点就在于：炝菜以动物性原料为主，拌菜则以植物性原料为主。炝菜一般以熟料炝制居多，而拌菜多以生料为主。所以行业中又将拌称为“生拌”。

拌菜在凉菜材料的制作中非常常见，拌法因而成为凉菜材料制作的最基本方法之一。拌制菜品由于其“成熟”方法比较简单，因而对料形有一定的要求。通常情况下，拌菜是以丝、条、片、小块等基本料形形态出现。在调味上，追求的是清淡、爽口，故调味中往往以无色调料居多，较少使用有色调料，特别是深色调料。由于拌菜所需的成品要求质感脆嫩，因此在选料时通常是新鲜脆嫩的植物性原料，如黄瓜、萝卜、莴笋、香芹等。

拌菜的操作过程极为简单，通常是直接将调料投入原料中，经过一小段时间后食用，以便于入味。有时拌菜中还会出现多种原料，此时应尽量保持各种原料的料形一致，尽可能使原料的色彩搭配和谐、美观大方。常见的拌菜品种有“拌黄瓜”“拌双笋”等。

九、蒸

蒸法用于凉菜中有两个方面，一是特殊材料的制作，成形加工；二是常用材料的制作加工。 将初步调味成形的原料置于盛器中，用蒸汽加热的方式使原料成熟或定型的方法称为蒸。

蒸制菜品的原料以动物性原料为主，植物性原料为辅。其料形一般以蓉、块、片以及经过加工成为特殊形态的形状居多。

蒸制菜肴成功的关键在于火候。一般要求是旺火沸水煮制。根据成菜要求，可采用放汽蒸与不放汽蒸两种形式进行加工。

所谓放汽蒸，就是在蒸制过程中，防止因汽过足使成品疏松而具空洞结构，影响成品的口感，而在蒸制过程中放掉一部分蒸汽，仅使一部分蒸汽作用于原料，将原料加热成熟的方法。这种方法适用于蓉泥状及蛋液类原料，诸如“双色鱼糕”“蛋黄糕”“蛋白糕”等。

所谓不放汽蒸，就是蒸制过程中，使充足的蒸汽完全作用于原料，从而使原料成熟的方法。这种蒸法的原料往往具有一定的形态，它们不因为充足的蒸汽而使原料变形或起孔，能够较好地保持原料的形态。此法适用于具有一定形态的原料及一些经过脯制的原料的成熟，如“如意蛋卷”“相思紫菜卷”“旱蒸咸鱼”等。

蒸法尽管不是一种常用的冷盘材料的制作方法，但蒸法在冷盘材料制作中的作用却很大。很多的冷盘刀面材料，特别是一些花色冷盘的刀面材料，都需要通过蒸法成形，因而在冷盘制作中具有重要的地位。

十、烤

烤就是将经过加工整理的原料，经葱、姜、料酒等腌制后置于烤箱或烤炉中，利用微波和干热空气辐射加热，使原料成熟并且具有外皮酥脆金黄、肉质鲜嫩可口的一种成菜方法。

此法所成菜肴，一般以微热时食用效果最佳。若待完全冷却后再食用，则外皮可能吸收空气中的水分而回软，使原料口感发生变化。

烤制菜肴一般烤熟后即可食用，因此在腌制时往往调至正常直接可食用的口味，以保证菜品的滋味。同时，调味时一般调料的品种较为丰富，并可适当用一些辛辣、芳香类调料，如葱、姜、花椒、洋葱、药芹、大料、桂皮等。烤制菜肴外表需色泽金黄，可在原料的外表涂抹上一些发色原料，如麦芽糖、蜂蜜、酱油等。烤制时应当注意菜品的成熟度，不能使外皮出现焦苦现象。烤制菜品在制作时，一般多辅以一定量的葱，以增加成菜的香味。如果使用烤箱，则将葱等平铺在烤盘内，再放上原料烘烤；若是采用炉烤（一般是整只的禽类或较小的整只畜类），则将葱等置于禽体腹腔内，经过加热后就会散发出浓郁的香味。烤制菜品在其完成后，宜在其外表涂抹上少许麻油，以进一步增香和增加菜品的光泽。

烤制菜品所使用的原料一般是动物性原料，特别是鱼类和禽类居多。常见的菜品有“金葱烤鱼”“葱烤仔鸡”等。

粤菜用作凉拌，一般又分传统式和引进的西菜式。传统式的特色，着重鲜香和清爽。惯常采用的主料，都是鸡和鸭。鸡的烹调，需要利用香料煲成的白卤汤浸熟，而鸭更需要入料烤烧时使用，目的是使鸡肉鲜香、鸭肉甘香。至于配料的取材，有腌酸的时蔬或新鲜的时果，时蔬和时果都以质爽者为宜。为了菜式能够增加香脆的配搭，还会加入一些海蜇、炸核桃、薄脆和炒芝麻。酱料可选用糖醋、麻酱、芥末或沙律酱，取其酸味和浓香。

至于由西菜引进而经改良的中式沙律，特点是酸味甜美。选材方面，以质地爽脆而鲜美的高级海鲜为主料，如龙虾、虾肉和带子。配料选用，多以质爽香甜的时果做伴，但也会加入一些熟马铃薯和熟鸡蛋粒，增进软糯和鲜香的食味。酱料使用，以沙律酱为主。

1. 凉拌菜式的刀工

传统的凉拌菜式，多迎合主料肉质纤维的结构，如鸡肉以直纹切丝，会收到香韧而富有嚼头的食味效果，“凉拌手撕鸡”就是基于这个原理。一般传统的凉拌菜式，物料大都切成粗丝入菜，但间或也会将主料切成块状，这是主料与配料规格搭配一致的关系，如“鲜荔凉拌脆皮鸡”。沙律菜式的物料，全都以切粒入菜，这可能是源于西方传统。当粒状的食物混合了沙律酱，晾凉凝结后产生的效果，充满着特别的美感。

2. 凉拌物料的温度处理

凉拌的每一道菜，物料受冻的程度各有不同，如生果受冻的程度可比蔬菜低。生果经冰冻，汁液凝结而好吃；腌酸后的蔬菜，过冻则会影响其酸的味道。又如鸡肉受冻，脂肪丰富，雪冻后油脂凝结，破坏了甘香的味道。但所有的凉拌酱汁，如糖醋、沙律酱，必须够冻才能发挥其作用。

3. 凉拌菜式新旧造型的区别

凉拌的菜式，在新旧的造型上，有着很大的区别。旧时的菜式，物料捞乱上碟，外形一片混乱，没有美感和新意。时兴流行的传统凉拌菜，物料多是分门别类地排放整齐，在侍应分菜的时候才兜乱分派。沙律的菜式更气派，为了美化和装饰，通常会采用橙皮做成的果篮、芒果皮或西生菜叶做成的器皿，作为沙律的盛载器，分成12个单位，分别排列放在边缘。碟的中央，还设有甘笋丝、生菜丝及美丽的雕花伴衬。若是龙虾的菜式，更需加设龙虾头尾合成的摆设。

4. 凉拌物料特殊处理的作用

（1）**龙虾** 原只滚熟，拆肉切粒，比生拆肉的成数高。

（2）**虾肉** 虾肉去壳，必须挑出虾肠，利用盐水浸过洗净，然后才滚熟。这样做，虾肉才不会有沙泥，且更具脆爽功效。

（3）**带子** 若是急冻的带子，必先用中国黄酒腌过，再作滚熟，可去腥味。

（4）**海蜇** 海蜇切丝滚熟，用清水冲漂三四个小时，使其膨胀松化。腌料以生抽、麻油配合，味道清鲜浓香。

（5）**蔬菜** 甘笋、萝卜、子姜去皮切丝，先下盐腌透，洗净榨干，再以白醋、幼砂糖浸至入味。蔬菜用盐腌过，较容易吸入酸味。

（6）时果　苹果、啤梨、雪梨去皮去核，切成丝或粒状，以稀盐水洗过，可避免果肉变成灰黑的色泽。

（7）琥珀　核桃肉加入食用苏打粉滚透，再用清水滚去涩味，可使核桃肉松化。滚过的核桃肉炸透，捞糖浆，最后再蘸上炒香的白芝麻。

（8）薄脆　薄脆剪碎，以大滚油急火炸，脆度必佳。

（9）芝麻　白芝麻用烧红铁锅熄火烘炒的方式，可避免炒焦。

复习思考题

1. 简述凉菜制作的方法。
2. 简述凉菜制作的工艺要点。
3. 试述当今的凉菜制作工艺有哪些进步？

第二节　常用凉菜（小吃）品种制作

一、鹅肝乳猪盏

（1）原料　熟麻皮乳猪皮750g，鹅肝100g，法式面包（或旺旺雪饼）6块，唐生菜6片，白萝卜1条。

（2）调料　泰国辣鸡酱100g。

（3）制作方法

1）将麻皮乳猪取皮用模具压成直径3.5cm的圆形；法式面包改成与乳猪皮一样大小的片，用150～180℃烘烤至金黄色。

2）鹅肝拍上干生粉，用平底锅煎成金黄色；将白萝卜改成直径4.5cm、厚2.5cm的圆环。

3）将唐生菜放入白萝卜环内，放入法式面包、鹅肝和乳猪片，用泰国辣鸡酱佐食。

（4）风味特点　口感酥脆，外观美，用辣鸡酱佐食味道更佳。

（5）制作要点

1）原料要酥脆，颜色要均匀。

2）刀工要均匀。

3）制作时要轻手，防止原料破碎变形。

二、酸辣海蜇头

（1）原料 海蜇头5100g，野山小木耳50g，葱花、蒜茸、香菜各少许。

（2）调料 辣椒油20g，酸辣汁35g，葱油2茶匙，白醋少许。

（3）制作方法

1）海蜇头先用清水冲洗干净，然后切成粗丝，再快速“飞水”后过冷河，用清水冲至发胀，没有盐咸味，捞起沥干水分备用。

2）木耳用温水涨发，然后加入白醋轻轻搓洗干净后捞起沥干水分备用。

3）将海蜇头、木耳加入蒜茸、调料拌匀，撒上葱花和香菜便可。

（4）风味特点 原料爽滑，油光红亮，晶莹剔透，酸辣可口。

（5）制作要点

1）要洗净海蜇头的咸味。

2）海蜇头“飞水”过程要快，否则会收缩变老。

3）原料要沥干水分，否则影响质量。

4）掌握好酸辣度。

三、眉山椒仔鸡

（1）原料 白切鸡半只，青、红小米椒各100g，蒜茸10g。

（2）调料 精盐1茶匙，味粉1/3茶匙，幼砂糖1/2茶匙，生抽25g，花椒油25g，色拉油50g。

（3）制作方法

1）先将白切鸡斩件，在碟中造型，放好备用。

2）青、红小米椒取籽，剁成茸。

3）烧锅，下少许花生油，放入米椒茸、蒜茸，略爆炒至香，倒出，马上用冰水降温，以保持原料红绿，然后捞起，沥干水分。

4）将米椒茸、蒜茸和其他调料一起拌匀，淋在鸡块上，做成太极图案便可。

（4）风味特点 造型完整、美观，原料爽滑，味道香辣鲜咸。

（5）制作要点

1）白切鸡斩件刀工要均匀，造型要美观。

2）米椒茸和蒜茸一定要爆炒才能突出其香味，但要保持色泽鲜艳，不能炒得太久。

四、冰冻墨鱼片

（1）原料 鲜墨鱼2000g，原粒蒜肉100g，生姜100g，葱50g，白萝卜150g。

（2）调料 日本酱油500g，味啉1500g，清酒500g，冰水1500g，日本芥末酱油1小碟。

（3）制作方法

1）墨鱼切薄片，洗净，备用。

2）用锅把清水烧沸，放入姜葱、墨鱼片，待水沸后关火浸泡15min，取出，墨鱼片用冰水泡至凉透备用。

3）将日本酱油、味啉、清酒、冰水调成墨鱼水；把蒜肉“飞水”，凉透后和墨鱼片放入墨鱼水中浸泡12h。

4）将白萝卜切成幼丝放在碟中，把浸好的墨鱼片摆在上面做出造型，用芥末酱油佐食便可。

（4）风味特点 原料冰爽，味道咸鲜微辣。

（5）制作要点

1）墨鱼要切薄片，而且不能用热水浸得过久而变老。

2）墨鱼片在墨鱼水中浸泡的时间要足，这样才入味。

3）墨鱼水要在冰柜里存放，保持冰爽。

五、鹅肝酱片皮鸡

（1）原料 烧好的炸鸡1只，鹅肝150g，法式面包半条，日本小黄瓜1条，红萝卜1条，红萝卜丝150g，鸡蛋1个。

（2）调料 味啉30g，泰国鸡酱50g，干挂面50g，天妇罗粉30g，色拉油2500g。

（3）制作方法

1）将法式面包改成长50cm、宽3cm的“日字”形共12件，入烤炉烤成金黄色；原条黄瓜切片3cm长，用味啉浸泡备用。

2）鹅肝放入少许盐，拍上干生粉煎熟切片12件。

3）将干挂面用天妇罗粉炸成扇形，红萝卜雕成孔雀头，装盘做成孔雀开屏的样子，碟中放上红萝卜丝，留出位置。

4）将法式面包放入留出位置上，然后放上鹅肝、黄瓜片，炸鸡片皮放在上面，最后放上泰国鸡酱。

（4）风味特点 原料酥脆、爽嫩，造型逼真，诱人食欲。

（5）制作要点

1）鸡要炸脆，原色要大红且均匀。

2）原料刀工要均匀，造型要逼真、美观。

六、酱香鸭舌

（1）原料 鲜鸭舌1000g，小米椒干25g，网皮2张，姜片50g，小葱50g，水40g。

（2）调料 鸡粉2茶匙，蚝油20g，生抽25g，花雕酒20g，麻油10g，花椒油10g，幼砂糖2茶匙，老抽20g，色拉油适量。

（3）制作方法

1）在锅里放入色拉油，将姜片、葱条炒香后加入小米椒干爆香，烹入花雕酒，下鸭舌翻炒，加入调料，加水收干淋上少许麻油和花椒油出锅备用。

2）将网皮做成喇叭形，用油炸定型。

3）将成型后网皮装入鸭舌即可。

（4）风味特点 鸭舌爽脆，酱香味浓。

（5）制作要点

1）香料要先下锅爆香。

2）鸭舌不能加热太久，否则口感不爽，并且要足够入味。

七、青木瓜沙拉

（1）原料 青木瓜丝150g，黄瓜片、红黄圣女果30g，柠檬取汁1个。

（2）调料 精盐半茶匙，味粉1/3茶匙，幼砂糖1茶匙。

（3）制作方法 青木瓜丝用冰水浸泡15min后隔水沥干，加入一开二边圣女果和黄瓜片，将调料及柠檬汁调和即可。

（4）风味特点 爽口清脆，醒胃可口。

（5）制作要点　原料要保持冰爽，调料酸甜适中。

八、果味片皮鸡

（1）原料　光鸡1只（每只重1250g），鲜砂姜150g，网纹瓜1只（每只重2000g），法式面包1条，红萝卜1条，红萝卜丝150g，干挂面100g。

（2）调料

①砂姜粉10g，精盐50g，鸡粉50g。

②沙律酱50g。

（3）制作方法

1）将光鸡加入鲜砂姜和调料①，腌制3～4h，期间不断翻动。

2）鸡腌制好后用热水烫皮，然后淋上脆皮水，挂在通风处吹6h至皮干，再用热油炸15min至皮脆肉熟。

3）把红萝卜和干挂面做成孔雀开屏模型，中间放上红萝卜丝备用。

4）把法式面包、网纹瓜分别改成长4cm，宽2cm的“日”字形，其中法式面包用烤炉烤成金黄色。

5）片出鸡皮，放在改好的面包和网纹瓜上，涂上沙律酱即可。

（4）风味特点　原料酥脆、爽嫩，造型逼真，诱人食欲。

（5）制作要点

1）鸡要炸脆，原色要大红且均匀。

2）原料刀工要均匀，造型要逼真、美观。

九、口口脆

（1）原料　去皮青笋5000g，葱花少许，炸好的脆花生仁25g，蒜茸1茶匙。

（2）调料　精盐150g，幼砂糖2茶匙，味粉1/3茶匙，花椒油5g，葱油5g。

（3）制作方法

1）青笋用刀改成长10cm的筷子形状，用盐腌制60min，然后用纱布把青笋包好捆扎，用重物把青笋的水分压出，令青笋爽口。

2）将压好的青笋取150g，加入幼砂糖、味粉、花椒油和葱油拌匀装盘，撒上炸好的脆花生仁和葱花、蒜茸拌匀即可。

（4）风味特点　口口香脆，咸甜酸辣。

（5）制作要点　要处理好青笋，原料要保持干爽。

十、鸡丝拉皮

（1）原料　拉皮120g，蛋皮丝10g，黄瓜丝10g，红萝卜丝10g，熟鸡丝10g，香菜段和葱花少许。

（2）调料　生抽25g，香醋15g，精盐和味粉各1/3茶匙，幼砂糖1茶匙，花椒油5g，香油5g，红油20g。

（3）制作方法　将拉皮切成幼丝装入盘中成锥形，然后把蛋皮丝、红萝卜丝、熟鸡丝、黄瓜丝分别摆在上面，撒上香菜段和葱花，淋上用调料调成的汁水即可。

（4）风味特点　原料爽嫩，酸辣可口。

（5）制作要点　掌握好原料的刀工和调料的比例。

十一、黔味熏鱼

（1）原料　去大骨草鱼2500g，姜片100g，葱条100g，花雕酒20g，香叶10片，八角15个，桂皮5g。

（2）调料　精盐80g，味粉30g，鸡粉10g，十三香1茶匙，五香粉半茶匙，胡椒粉2茶匙，阳江豆豉50g，蒜茸30g，红油400g。

（3）制作方法

1）把草鱼改刀成大块，加入精盐30g、味粉10g、胡椒粉2茶匙、葱条、姜片、花雕酒腌制60min。

2）鱼块用高油温炸至金黄色，捞起滤油，备用。

3）在锅里加入红油400g、蒜茸30g、香叶、八角、桂皮、阳江豆豉炒香后加入汤水1000g，调味，加入五香粉、十三香、盐、味粉、鸡粉焖10min，隔渣，待凉透后放入炸好的鱼块浸泡30min，捞去，沥干水分即可装盘。

（4）风味特点　原料酥脆，香味浓郁，色泽金黄。

（5）制作要点

1）鱼块要炸透。

2）熏料要调好味道。

3）原料浸泡时间要足够。

十二、鸡酱蔬果沙拉

（1）原料　红黄彩椒、洋葱、菠萝片各35g。

（2）调料　泰国鸡酱40g，上海白醋20g，精盐半茶匙，幼砂糖5g。

（3）制作方法

1）将红黄彩椒、洋葱切成长6cm的筷子形状，用冰水浸泡20min备用。

2）菠萝切小片，放盘底；将泡过冰水的材料沥干水分后放在菠萝片上面，把调料调均匀隔去渣，淋在菜品上即可。

（4）风味特点　色彩艳丽，酸甜微辣，开胃可口。

（5）制作要点　原料要爽脆，调料要调好。

十三、红油草原肚

（1）原料　发好黑色牛百叶125g，蒜茸2茶匙，小米椒圈20g，小葱5g，姜1片。

（2）调料　生抽25g，香醋25g，精盐和味粉各1/3茶匙，幼砂糖半茶匙，红油15g。

（3）制作方法

1）将牛百叶改刀切小件，先“飞水”后过冷河，捞起备用。

2）把调料加入小葱、姜片榨成汁，放入小米椒圈、蒜茸，再放入牛百叶浸泡约60min至入味。

3）捞起牛百叶，放在盘中，淋上少许汁水和红油即可。

（4）风味特点　原料爽脆，味道酸辣可口。

（5）制作要点　牛百叶要保持爽脆并入味。

十四、香水蹄筋

（1）原料　猪皮2500g，清水10000g，姜片50g，牛蹄筋1000g，牛奶100g，鸡蛋2个，青红辣椒各50g，香菜梗10g，矿泉水1瓶。

（2）调料　精盐150g，味粉75g，鸡粉50g，幼砂糖1/3茶匙，葱油5g。

（3）制作方法

1）将猪皮烧毛，洗涮干净后“飞水”，然后放入10000g的水中，加入姜片、葱条，先用大火烧沸，然后改用小火煮3～4h，隔渣。

2）牛蹄筋改小条状，入蒸柜用中火蒸60min，然后放入热的猪皮水中，等水温到60℃时，加入牛奶和鸡蛋，当温度降至常温时放入冰柜冷藏12h，即成皮冻（皮冻热时要调入精盐100g，味粉50g，鸡粉50g作底味）。

3）将矿泉水加入青红辣椒茸各20g，香菜梗茸10g，葱油5g，成香水汁。取150g皮冻切片装盘，淋汁即可。

（4）风味特点　皮冻爽滑，味道鲜美，美容养颜，营养丰富。

（5）制作要点

1）猪皮的毛要去净。

2）牛蹄筋要熟透。

3）掌握好调皮冻的温度。

十五、山椒爽萝卜

（1）原料　白萝卜10000g，盐渍小米椒1500g，小米椒干150g。

（2）调料　生抽1250g，日本酱油800g，幼砂糖2500g。

（3）制作方法　白萝卜切成2cm的正方粒，小米椒干用油炒香后放进白萝卜粒中，把调料和1500g小米椒一起放到白萝卜粒里面拌匀，用碟子压住腌制2天即可食用。

（4）风味特点　原料爽脆，味道咸香酸甜。

（5）制作要点　调味要均匀，腌制时间要足够长。

十六、干捞芋丝

（1）原料　香芋1800g，香菜梗15g，青红椒丝10g，洋葱丝15g。

（2）调料　香醋15g，生抽10g，精盐1/3茶匙，味粉1/3茶匙，幼砂糖半茶匙，红油10g。

（3）制作方法

1）香芋切丝，用清水洗后加入少许精盐拌匀腌制5min至软后，用清水冲洗去除芋丝里面的淀粉，然后用干布吸干水分，放入热油中炸至香脆，色泽金黄，捞起备用。

2）取炸好的芋丝50g，加入香菜梗、青红椒丝、洋葱丝，加入调料拌匀即可。

（4）风味特点　刀工均匀，色泽金黄，口感酥脆。

（5）制作要点

1）芋丝要先用盐腌制处理，然后要漂去淀粉。

2）掌握好炸芋丝的油温、时间和脆度。

3）拌味时液体类调料不能太多，否则影响原料的脆度。

十七、香醋脆花生

（1）原料　炸好的花生仁150g，香菜碎少许，炒香白芝麻1茶匙。

（2）调料　保宁香醋2瓶（约860mL），幼砂糖450g，冰水400g，生抽100g。

（3）制作方法　将炸好的花生仁放在盘中，把所有的调料兑成汁后取50g倒在花生仁里，然后撒上香菜碎、白芝麻即可。

（4）风味特点　香脆可口。

（5）制作要点

1）炸花生仁的油温不能太高。

2）掌握好调料的比例。

十八、剁椒皮蛋

（1）原料　青红美人椒100g，皮蛋2个，油辣椒25g，葱花少许。

（2）调料　生抽25g，香醋125g，精盐和味粉各1/3茶匙，幼砂糖半茶匙，红油、香油各5g。

（3）制作方法

1）将青红美人椒用火略烧煳去皮剁碎，加入精盐、味粉、幼砂糖、油辣椒、红油、香油做成剁椒。

2）把皮蛋蒸熟后一开四，摆在盘里，撒上剁椒、葱花，淋上香醋、生抽即可。

（4）风味特点　颜色五彩缤纷，皮蛋酸辣爽滑。

（5）制作要点

1）美人椒要去皮。

2）剁椒要调好味道。

3）刀工要均匀，色彩搭配要合理，造型要美观。

十九、支竹拍黄瓜

（1）原料　黄瓜1000g，支竹40g，皮蛋2个，香菜梗20g，蒜肉250g。

（2）调料　香醋1瓶，美极鲜酱油25g，生抽75g，芝麻油25g，辣椒油100mL，精盐13g，味粉25g，鸡粉25g，矿泉水100g，幼砂糖100g。

（3）制作方法

1）将黄瓜一开二，用刀拍打黄瓜至有裂纹，去掉瓜籽，切成6cm长的件，用冰水泡约30min，备用。

2）支竹用温水涨发后先“飞水”，再过冷河，捞起备用。

3）皮蛋蒸熟后一开四。

4）将调料调成汁，放入黄瓜、皮蛋、支竹浸泡30min，捞起，装盘即可。

（4）风味特点 原料爽滑脆嫩，酸辣适中。

（5）制作要点

1）黄瓜要冰冻后才爽脆。

2）支竹不能煮得太熟，否则会烂身。

二十、红油脆耳

（1）原料 猪耳朵1000g，罗汉笋50g，红黄彩椒各1个，香菜少许。

（2）调料 油辣椒25g，红油15g，生抽20g，香醋15g，精盐、味粉、幼砂糖少许。

（3）制作方法

1）将猪耳朵烧毛洗干净，烧水加姜葱，放入猪耳朵，用小火煮30min至熟，取出，用保鲜纸将猪耳朵包成条状，用重物压结实至凉透后，放进冰箱冷藏8h。

2）将油辣椒加入生抽、香醋打成茸，调味，放进红油，调成淋汁。

3）将罗汉笋切长条，“飞水”，过冷河；红黄彩椒切粒，香菜切段。

4）将罗汉笋条放入盘中，加入淋汁，猪耳朵切片摆上，撒上彩椒粒和香菜即可。

（4）风味特点 原料爽脆，酸辣开胃，刀工均匀，造型美观。

（5）制作要点

1）一定要处理干净猪耳朵上的细毛。

2）猪耳朵冷藏后便于刀工，口感更爽脆。

3）刀工要均匀，拼摆要均匀。

二十一、乡村皮冻

（1）原料 猪皮2500g，清水9000g，姜片50g，小葱20g，皮蛋6个。

（2）调料 生抽25g，陈醋15g，精盐和味粉各1/3茶匙，幼砂糖半茶匙，油辣椒10g，花生脆10g，红油15g，葱丝少许。

（3）制作方法

1）将猪皮烧毛洗干净切成小条，把清水烧沸，放入姜片、小葱、猪皮，用小火煲4h，调味，隔渣，制成皮水；皮蛋一开四，放进皮水里，待凉透后放进冰箱冷藏8h，切片备用。

2）生抽、陈醋、精盐、味粉、幼砂糖调成淋汁；将切好的皮冻装盘，淋上汁，再放上油辣椒、花生脆、红油和葱丝即可。

（4）风味特点　原料爽滑、晶莹剔透，味道酸辣，诱人食欲。

（5）制作要点

1）要调好皮水。

2）皮水冷藏的时间要足够长。

3）调配好淋汁。

二十二、豆香拌牛肉

（1）原料　卤熟牛腿肉2000g，蒜肉150g，八角100g，香菜梗100g，熟青豆25g。

（2）调料　生抽750g，日本酱油100g，美极鲜酱油200g，清水1750g，冰糖胶200g，老干妈油辣椒20g，红油10g，精盐、味粉、幼砂糖少许。

（3）制作方法

1）熟牛腿肉每块一开二；蒜肉“飞水”备用。

2）将调料调成汁后把牛肉放入，加入八角、蒜肉、香菜梗浸泡12h，捞起切粒备用。

3）将熟青豆压扁后加入油辣椒、牛肉粒，调味，淋上红油即可。

（4）风味特点　原料干香，味道丰富。

（5）制作要点

1）牛腿肉一定要先煮熟。

2）牛肉与调料浸泡的时间要足够长。

二十三、酸辣蹄筋

（1）原料　水发蹄筋150g，青小米椒50g，香菜段10g，蒜茸1茶匙。

（2）调料　生抽30g，香醋15g，红油10g，精盐、味粉、幼砂糖少许。

（3）制作方法

1）将发好的蹄筋切小条状，先“飞水”后过冷河，捞起备用。

2）青小米椒用小火炒至表面变煳状后剁成茸，加入生抽、香醋，调成淋汁。

3）将蹄筋150g装盘，淋汁，撒上香菜、蒜茸，淋上红油即可。

（4）风味特点　原料爽滑，味道咸鲜酸辣。

（5）制作要点　掌握好蹄筋的爽滑度。

二十四、酸辣大白菜

（1）原料　大白菜12000g，红美人椒500g，清水9500g。

（2）调料　糯米白醋2250g，白砂糖2250g，桂林辣椒酱6瓶，精盐150g。

（3）制作方法

1）将大白菜去头，洗干净，晾干水分后，中间切断一开二。

2）将调料调匀后加水和拍扁的美人椒，放入白菜，密封腌制3天即可食用。

（4）风味特点　原料鲜爽脆嫩，酸辣咸甜可口，是开胃小菜之佳品。

（5）制作要点

1）要选用质量好的大白菜，最好是霜冻过的。

2）腌制时要密封，切忌油水进入。

3）腌制的时间要足够长。

二十五、灯影牛干巴

（1）原料　袋装牛干巴2000g，干辣椒节50g，花椒30g，香叶5g，八角10粒。

（2）调料　精盐20g，味粉10g，幼砂糖15g，花椒油50g，胡椒粉5g，芝麻少许。

（3）制作方法

1）牛干巴改刀成薄片，然后“飞水”，捞起，炸成卷形。

2）净锅放入红油250g，将干辣椒节、花椒、香叶、八角炒香，倒入炸好的牛干巴，调味，翻炒，撒上胡椒粉和芝麻拌匀即可。

（4）风味特点　原料干香，风味独特，是下酒小菜之上品。

（5）制作要点

1）牛干巴刀工要薄；要炸成卷形。

2）香料要炒香，否则不能突出效果。

二十六、茶叶蛋

茶叶蛋是我国民间较为常见和深得人们喜爱的小食之一。鸡蛋，不仅富含蛋白质，且中医认为它有养心安神、补血和养阴等功效。至于茶叶则来头更大，为世界三大主要饮料之一，有消脂减肥的效果。两者配合可谓相得益彰。

（1）原料　鸡蛋，茶叶卤水。

（2）茶叶卤水配方　清水2500g，茉莉花茶叶50g，甘草5g，桂皮5g，苍术5g，八角3g，精盐75g，味粉15g，红糖15g。

（3）制作方法

1）调茶叶卤水：将香料药材（甘草、桂皮、苍术、八角）和茉莉花茶叶分别用纱布包好，放入清水中，用慢火熬出味道，然后调入精盐、味粉和红糖，即可备用。

2）卤浸鸡蛋：有两种方法，一种方法是先用冷水下锅，将鸡蛋慢慢煮熟，然后放入温和的茶叶卤水中浸至入味；另一种方法是直接将生鸡蛋放入冷茶叶卤水中用慢火加热，直至鸡蛋煮熟透为止。

（4）风味特点　茶味醇香，色泽酱黄，蛋白爽嫩，蛋黄入口即化。

（5）制作要点

1）掌握好茶叶卤水的配方用料，保证味道足够。

2）掌握好鸡蛋的熟度。

3）鸡蛋煮熟后略微敲破蛋壳再卤浸片刻，会更具茶香味。

4）售卖时用慢火加温，可使香味远飘，诱人食欲。

二十七、淮盐花生

（1）原料　花生仁500g，淮盐15g。

（2）淮盐配方　精盐500g，五香粉50g，砂姜粉5g。

（3）制作方法

1）制盐：将铁锅用中火烧热，放入精盐，用小火慢慢将精盐炒至烫手并发出响声，随即离火趁热加入五香粉炒匀即可。

2）炸花生仁：烧锅下凉油，下花生仁，用中火加热，边炸边搅拌花生仁，至花生仁转为淡金黄色并用锅铲铲起后有不坠手的感觉即可捞起花生仁，滤油后平摊在托盘上，趁热撒入淮盐拌匀，放在通风处晾凉便可。

（4）风味特点　色泽金红，口感酥脆，五香味浓，为佐餐及下酒小吃佳品。

（5）制作要点

1）掌握好炒精盐的火候和时间。

2）花生仁与凉油一起下锅加热，可使花生仁更加酥脆持久。

3）千万不用能大火炸花生仁，否则容易炸煳。炸时要不断搅拌，使之受热均匀。

4）炸好后应马上摊开散热，否则花生仁会由于余热而导致颜色变深。

二十八、五香卤花生

（1）**原料** 花生仁5000g，清水10000g，甘草20g，香叶30g，八角15g，桂皮35g，精盐60g，鸡粉50g，味粉50g，幼砂糖10g。

（2）**制作方法** 先将香料药材（甘草、香叶、八角、桂皮）装入汤料袋包裹好，然后连同花生仁、精盐、鸡粉、味粉、幼砂糖和清水放入汤桶中，用中火煮约1h，待汁水煮剩过半，而花生仁熟透够软身，便可熄火，捞出花生仁晾凉，便可食用。

（3）**风味特点** 花生仁软脆而不生硬，入口嚼之即化，五香风味突出。

（4）**制作要点**

1）卤水配方要掌握好。

2）花生仁要煲熟透。

3）卤水中加入话梅或陈皮即变成“话梅花生”或“陈皮花生”，风味更佳。

二十九、炝拌鹅肠

（1）**原料** 鲜鹅肠2500g，陈村枧水100g，干辣椒碎100g，蒜茸150g，花椒25g，香菜10g，黄瓜片20g，葱花5g，花生油150g。

（2）**调料** 生抽30g，香醋20g，红油15g，生蒜茸半茶匙。

（3）**制作方法**

1）洗净鲜鹅肠，用枧水腌制10min，用清水漂净碱味。

2）用热水汆熟鹅肠，过冷河，捞起，沥干水分。

3）将干辣椒碎加生蒜茸、花椒用油炝香成炝辣汁，备用。

4）取鹅肠100g，黄瓜20g，炝辣汁25g拌匀装盘，把调料拌匀淋到鹅肠表面，放上香菜、葱花即可。

（4）**风味特点** 原料清爽，口味酸辣，实属餐前开胃小吃。

（5）**制作要点**

1）要洗净鲜鹅肠，不能有残沙弥留在表面。

2）汆鹅肠时水温要热，动作要快，千万不能过熟，否则影响质感和成率。

3）炝辣汁和调料要足够。

三十、草莓汁木瓜

（1）原料　泰国小木瓜1个。

（2）调料　草莓汁230g，茄汁3茶匙，橙汁1茶匙。

（3）制作方法

1）将木瓜刨皮，开边，去籽，切成小件，装盘。

2）把调料拌匀取50g淋在木瓜上，即可食用。

（4）风味特点　木瓜清甜爽口，味道酸甜醒胃。

（5）制作要点

1）选用木瓜要上乘，不能太生，也不能太熟，否则都会影响口感和味道。

2）成品制作好放入冰箱冷藏半小时左右取出食用，味道更加独特。

三十一、口水牛肉

（1）原料　五香牛肉100g，罗汉笋50g，葱花15g，米椒圈15g，炸花生碎50g。

（2）调料　生抽20g，陈醋10g，精盐5g，味粉3g，幼砂糖8g。

（3）制作方法

1）罗汉笋开边切条，用热水烫过，用清水漂凉，装盘垫底。

2）五香牛肉切薄片，铺在罗汉笋上面。

3）调好调料淋在肉上，撒上葱花、米椒圈和炸花生碎即可。

（4）风味特点　肉料干香，成品爽脆，咸酸适中，富有层次感。

（5）制作要点　牛肉切片要薄。

三十二、风味牛杂

（1）原料　牛小肠、牛肚、牛百叶、牛肺、牛筋等牛内脏。

（2）牛杂水

1）药材：八角50g，草果50g，桂皮100g，香叶25g，辣椒干30g，陈皮3块，豆蔻50g，甘草75g。

2）调料：桂林辣椒酱125g，海鲜酱150g，柱侯酱150g，冰糖500g，片糖400g，花生酱50g，芝麻酱50g，南乳50g，蚝油500g，生抽200g，磨豉酱150g，老抽30g，盐125g，味粉200g。

3）汤水：牛骨1500g，清水50000g。

（3）制作方法

1）熬汤水：将洗净的牛骨与清水煲2h至出味，去掉牛骨，得出汤水。

2）药材用清水略洗过，装入煲汤布袋，扎口，放入汤水中，加入调料，煮1h至出味，得出牛杂水。

3）牛杂原料用清水洗净，先用清水煮软熟，然后投入牛杂水中，再用中火煮入味即可。

（4）风味特点　肉质软滑，酱香味浓，令人垂涎三尺，百吃不厌。

（5）制作要点

1）要掌握好牛杂水的调制配方。

2）牛杂粗料一定要清洗干净，否则有膻骚异味。

3）牛杂粗料在卤制之前要先经过初步熟处理，否则难入味。

4）煮牛杂时加入适量白萝卜风味更佳。

三十三、捞起爽鱼皮

（1）原料　发好的鱼皮（市场有售）400g，香菜梗25g，姜25g，葱白25g，红尖椒1个，去衣炸花生仁10粒，干炒熟白芝麻5g，蒜茸10g。

（2）调料　淋鸡豉油汁80g，熟花生油10g，芝麻油5g。

（3）制作方法

1）将发好的鱼皮清洗干净，晾干水分，待用。

2）香菜梗切段，姜、葱白、红尖椒分别切幼丝；将香菜梗段、葱白丝、红尖椒丝、姜丝拌匀，摆在碟边，中间放鱼皮，再把去衣炸花生仁和干炒熟白芝麻放在鱼皮上面。

3）花生油烧热，浇入蒜茸里，再加入淋鸡豉油和芝麻油和匀，跟摆好碟的鱼皮一块上桌。食时将调好的调料、佐料和鱼皮拌匀即可。喜食辣者加入适量辣椒油味道更可口。

（4）风味特点　原料爽脆，开胃可口。

（5）制作要点

1）必须清洗干净鱼皮里的鱼鳞，否则会影响观感和食欲。

2）也可用日本芥辣加万字酱油拌食，风味特别。

3）喜食辣者加入适量辣椒油或辣椒粉味道更可口。

提示：捞起海蜇头、捞起猪肚丝、捞起黄鳝丝、捞起猪耳丝、捞起鹅肠等品种的做法相似，可灵活变通。

三十四、打冷池鱼

典故：打冷池鱼

“打冷”源自潮汕的方言，20世纪50年代在香港卖夜宵、卤味的潮汕人多以肩挑扁担、箩筐，沿街叫卖。同乡人见到要买，就用潮汕话招呼一声“担篮啊”（担篮子的，音近粤语发音的“打冷”）。操粤语方言的人不解其意，也依样画葫芦，发谐音招呼叫卖的小贩。后外延为“吃潮州菜”。

（1）原料　冷冻鲜池鱼3条（约375g），姜2片，葱2条。

（2）调料　广东普宁豆酱75g，盐粉10g。

（3）制作方法

1）将池鱼解冻，去腮、内脏，洗净。

2）将洗净的池鱼均匀地擦上盐粉，加入姜葱上碟，入蒸柜蒸约8min至熟。取出，去掉姜葱，待冷却后用普宁豆酱拌食即可。

（4）风味特点　味鲜肉嫩，咸鲜美味。

（5）制作要点

1）选料时看鱼是否新鲜，必须观察鱼鳃部位的颜色，红色为新鲜，黑色或暗红为不新鲜。

2）要刮净鱼鳞。

3）蒸鱼时间长短须视鱼的大小而定。

4）普宁豆酱味偏咸，注意投放分量。

提示：打冷小鲳鱼、打冷白脸鱼、打冷红衫鱼等品种的做法相似，可适当调节。

复习思考题

1. 试述哪些食材可以用来做凉菜？
2. 制作凉菜常用的调料有哪些？
3. 尝试创新5款凉菜风味小吃。

第五章　熏焗品种制作

以前，人们有多余的肉食就用盐和酱油腌制起来，用绳子穿好，吹干或晒干后挂在灶头上方，利用风干脱水、熏烟杀菌形成保护层，达到长期保存的目的。随着时间的推移，烟熏香味形成的独特风味已超过了用于保存的加工目的，受到人们的欢迎。

随着人们生活水平的提高和生活环境的改变，现代家庭较少有烧柴火的，因此很难做出具有旧式风味的熏制食品。人们为了追寻这种味道，创新了熏制食品的另一种方法：根据个人的口味和肉类要求的色泽，将食物置于熏制工具上面，以茶叶、甘蔗屑、黄糖粉、锯末、树枝、竹叶、芳香花草等作为燃料，以其升腾的烟来熏炙。这样不但丰富了传统的烟熏风味，而且更加卫生、省时和方便操作。

熏制食物一般要注意以下几点：

1）食物要先调好味料。

2）熏制食品最好置于丝网或竹笪上，熏料置于丝网或竹笪下。

3）加热时，火不能过旺，以烟气熏而不以火烘。

4）为了节省时间，食物可以先用蒸、炸、卤、浸、煮等方法致熟后再熏制。

一、熏鲮鱼

（1）原料 土鲮鱼2条，竹笪1张。

（2）腌鱼料 精盐8g。

（3）熏料 红茶叶1小碗，八角2粒，片糖1块。

（4）制作方法

1）用精盐擦匀鱼身，然后放入盆中，放上一重物压扁一夜；取出，洗净，再用干毛巾抹干水分。

2）把鱼用热油炸成金黄色。

3）取一砂锅，放入一碗红茶叶、八角粒和片糖，然后在茶叶上面放一张竹笪，再把已炸好的鱼放在竹笪上面；用猛火加热，洒入少许清水，烧到有白烟时即盖上锅盖。如无白烟则再洒少许清水。调至小火，加热至有鱼香味散出即可取出食用。

（5）风味特点 鱼块酥脆，色泽金红，有淡淡的熏茶香味（“熏蔗汁鲮鱼”做法一样，熏料加入甘蔗500g，不用八角即可）。

（6）制作要点

1）鱼要腌入味后炸干身。

2）熏制时必须有竹笪垫底，否则易烧焦。

3）选用上乘的红茶，但量不能太多，否则味苦。

4）熏制时间不能太久，否则有苦焦味，且成品色深。

二、五香熏鱼

（1）原料 鲩鱼肉1000g，花生油250g。

（2）腌料 绍酒15g，生抽75g，精盐8g。

（3）卤料 五香粉2g，桂皮粉2g，八角粉1g，精盐2g，味粉2g，幼砂糖20g，生姜片2片，清水200g。

（4）制作方法

1）先将鱼肉洗净，用斜刀切厚片，然后放入大碗中，加入腌料拌匀，腌制1h。

2）将卤料放入瓦煲中，煮滚制成卤味汁备用。

3）烧锅，下花生油，放入已经腌制好的鱼块，炸至酥脆，取出，放入卤味汁中浸2～3min，捞起即可食用。

（5）**风味特点**　鱼块酥脆，色泽金黄，酱香味足。

（6）**制作要点**

1）鱼块略切厚些，且要炸脆。

2）调配好卤味汁。

3）鱼块在卤味汁里不能浸得太久，否则味偏咸且易霉身。

三、上海熏鱼

（1）**原料**　鲩鱼腩1000g，青葱2根，姜片2片。

（2）**调料**　绍酒500g，幼砂糖150g，老抽100g，精盐5g，味粉4g，胡椒粉3g。

（3）**制作方法**

1）将鱼肉洗净血水，斩成宽2cm的块，放入盆中，加入老抽、精盐、味粉、胡椒粉、姜片、葱条，拌匀，腌制3h。

2）煮绍酒：将绍酒和幼砂糖混合，用小火煮溶，放凉备用。

3）取出鱼块，下油锅用150℃油温将鱼块炸成金黄色，熟透，捞起，滤净油分，放入绍酒盆里稍浸3min至入味，捞起，即可食用。

（4）**风味特点**　鱼块干香酥脆，美味十足。

（5）**制作要点**

1）鱼块腌制味道和时间要足够。

2）鱼块要炸透，不能带生或炸嫩，否则影响口感。

3）鱼块浸绍酒盆的时间不能过久，否则会影响口感和使味道过咸。

四、熏牛腱

（1）**原料**　牛腱肉500g，木糠300g。

（2）**调料**　豉油鸡水1盆，幼砂糖100g，清水150g。

（3）**制作方法**

1）将牛腱用豉油鸡水浸2～3h至熟。

2）煮糖浆：将幼砂糖和清水混合，用小火煮溶成糖水，备用。

3）将木糠放入铁锅，上面放置一块铁筛，把扫过一层糖浆的牛腱肉放在铁筛上，用慢火加热至木糠生烟，熏20min，取出，再将牛腱肉扫一层薄糖浆即可。

（4）**风味特点**　肉质甘香，烟熏味独特。

（5）制作要点

1）牛腱肉纤维组织较多，一定要煮熟。

2）熏肉不能用大火，时间不能太久，否则生烟过大而使味道变浊。

五、烟鸡

（1）原料　光鸡1只。

（2）调料　豉油鸡水1盆。

（3）腌料　红茶叶250g，幼砂糖20g，清水10g。

（4）制作方法

1）将鸡用豉油鸡水浸25min至熟。

2）将红茶叶放入铁锅，上面放一块竹笪，扫一层花生油，放上鸡，用大火烧茶叶，烧干茶叶时撒入少许清水和幼砂糖，即有白烟生成，加上锅盖，略熏，待没烟时又开盖洒水和糖生烟，如此反复3～4次，直至鸡皮颜色变成金红色即可。

（5）风味特点　色泽金红、油亮、均匀，味道里隐藏着阵阵茶香，引人谗涎。

（6）制作要点　要有足够的烟才能使鸡身颜色熏均匀。

六、熏板鸭

（1）原料　光鸭1只（约1750g）。

（2）调料　老抽10g。

（3）腌料　花椒粒20g，精盐20g，味粉10g，绍酒10g。

（4）熏料　乌龙茶叶200g，幼砂糖10g，竹笪1张。

（5）制作方法

1）先将花椒粒放入锅里炒香，再放入精盐一同炒香，成花椒盐，加入味粉拌匀，备用。

2）用刀将光鸭在胸部开边，洗净，沥干水分，用老抽、绍酒涂匀鸭全身，再放入腌料腌制一晚。

3）把腌过的板鸭放入蒸笼用中火蒸1.5h至熟。

4）把茶叶和幼砂糖放入炒锅里，上面放一张竹笪，板鸭放竹笪上，加上锅盖，用大火烧至茶叶冒白烟，改用小火熏20min，即可。

（6）风味特点　同“烟鸡”。

（7）制作要点

1）鸭身要压扁平，否则上色不均匀。

2）腌制要入味。

3）要有足够的烟才能使鸭身颜色熏均匀。

七、正宗盐焗鸡（生焗）

典故：正宗盐焗鸡

正宗盐焗鸡是粤菜中颇具名气的鸡肴之一，相传首创于广东的东江一带。据当时《归善县志》中记载，此菜是在距今300多年前东江地区（即现惠东县等）沿海盐商的做法。清末，东江首府归善县盐业发达，大批客商蜂拥而至，盐城的菜馆争相选用自家最好的菜肴款待这帮商贾官宦，于是便创制了烫盐焗鸡的制作方法。这款独特焗鸡，色泽金黄，皮爽肉嫩，肉骨鲜香，风味诱人，逐渐被人相仿流传至今。因为始创于东江一带，故又称为东江盐焗鸡。

（1）原料　三黄鸡1只（约750g）。

（2）腌料　精盐10g，味粉5g，砂姜粉3g，姜丝10g，葱丝10g，老抽25g，猪油150g。

（3）制作方法

1）腌制：三黄鸡处理好后，用精盐、味粉和砂姜粉和匀的调料涂匀内外，再腌约15min，其后将姜丝和葱丝填入鸡肚内，用老抽涂匀鸡身（目的是令鸡熟后有焦红之色）。

2）盐焗：将3张砂纸铺在工作台上，涂透猪油（否则熟后去纸困难），把包裹好的鸡只埋入余下灼热的粗盐中，将取出的热盐封面，盖上锅盖，慢火焗约15min后，将鸡翻出，将原底部作面，再埋入焗约15min至鸡成熟。

（4）风味特点　色泽金黄，皮爽肉嫩，肉骨鲜香，风味诱人。

（5）制作要点

1）腌制要入味。

2）包裹要严实。

3）炒盐的温度要热，否则达不到盐焗的风味效果。

八、正宗盐焗鸡（熟焗）

（1）原料　白切鸡1只。

（2）**调料** 精盐2g，味粉2g，鸡粉2g，砂姜粉3g，老抽25g，姜丝10g，葱丝10g，猪油150g。

（3）**佐料** 盐焗料。

（4）**制作方法** 将精盐、味粉、鸡粉、砂姜粉和老抽开成调味汁，涂匀白切鸡内外，腌约15min后，将姜丝和葱丝放入鸡腔，待砂纸上涂透猪油后，将鸡放在砂纸的对角上，对折包裹好，然后埋入灼热的粗盐中，由于鸡早已浸熟，故焗制的时间比生焗大大缩短，焗约15min便可。

（5）**风味特点** 色泽金黄，皮爽肉嫩，肉骨鲜香，风味诱人。

（6）**制作要点**

1）选用较嫩的白切鸡。

2）包裹要严实。

3）炒盐的温度要热，否则达不到盐焗的风味效果。

九、贵妃香熏鸡

典故：贵妃香熏鸡

这款美肴的名称，据说与历史上的一个美人有关，她就是中国四大美人之一的贵妃杨玉环。据说北方人与广东人不同，广东人自古就有每天冲凉（沐浴）的习惯，由于北方缺水和天气寒冷的缘故，使得他们两三天不冲凉（沐浴）是很正常的现象。而杨贵妃这个大美人，当时脱俗非凡，对洁身就有一种嗜好，致使大唐皇帝专门为她在骊山建造一座浴室供她专人使用，故出现令人羡慕的“贵妃出浴”一幕。此幕美景一出便引来无数风流雅士为她而歌而诗而画。素有文化之称的饮食，也不甘落后，用菜馔形象地比喻了此幕。

（1）**原料** 清远鸡1只（约750g）。

（2）**浸料** 贵妃鸡水2500g，水仙花茶叶100g，桂花糖200g，香叶5g。

（3）**佐料** 姜葱茸适量。

（4）**制作方法**

1）加工：将光鸡去肺、油膏、嗉囊，洗净，略“飞水”，备用。

2）卤浸：将洗净的光鸡放入以菊花心为度的贵妃鸡水中，吊提多次，以令鸡身内外受热均匀，然后才完全将鸡放入卤水中，熄火浸约20min即可。

3）烟熏：用中慢火起锅，炒香水仙花茶叶和香叶，边炒边加入桂花糖，待炒至冒烟时，加入井字架，架高应离锅底约一个拳头位，即约7cm，然后将浸熟的鸡放在架上，盖上盖，离火熏焗约5min即可。

（5）**风味特点**　同“烟鸡”。

（6）**制作要点**　同“烟鸡”。

十、玫瑰花香鸡

玫瑰花香鸡是粤菜近年新创的百花宴的鸡馔之一。它采用新鲜的玫瑰花，犹如香浴一般，令人回味无穷。在烹调制作上，有两种改变，一是在原粤菜的精卤水中增入玫瑰花；以增花香；二是采用传统改良的烟熏手法，更增添色彩。

（1）**用料**　清远鸡1只（约750g），玫瑰卤水2500g，鲜玫瑰花150g，桂皮碎5g，香叶5g，红糖粉25g。

（2）**玫瑰卤水配方**　生抽5000g，冰糖2500g，绍兴花雕酒2500g，八角（大茴香）100g，桂皮150g，甘草150g，丁香15g，草果（草豆蔻）10g，花椒（川椒）25g，砂姜150g，罗汉果1个，红谷米100g，鲜玫瑰花250g，玫瑰香精250g，姜块150g，葱条200g，生抽200g。

（3）**佐料**　卤水汁适量。

（4）**制作方法**

1）卤水：其实此款卤水是由精卤水衍生而来，故调法基本一样，就是先将生抽、冰糖、绍兴花雕酒混合后放入钢桶之中，用慢火煮滚；其后放入用汤料袋包裹好的卤水药材和用另一个汤料袋包裹好的红谷米；同时放入另起锅爆香爆透的姜块、葱段；再慢火滚约2h，浸鸡前加入鲜玫瑰花和玫瑰香精便可。

2）卤浸：卤水调好后，调滚至菊花心的水温，将洗净去爪的光鸡放入，吊提多次，以利鸡身内外受热均匀，才将鸡压入卤水之中，熄火卤浸约15min即可。

3）烟熏：待清远鸡浸熟后，另起锅放入桂皮碎和香叶炒香，猛火加温，迅速加入熟鸡，洒入鲜玫瑰花和红糖粉，视有浓烟冒起时，盖上锅盖，离火烟熏5min即可。

（5）**风味特点**　同“烟鸡”。

（6）**制作要点**　同“烟鸡”。

十一、脆皮樟茶鸡

有很多菜馔单从烹调手法分类的确较为困难，故称法也各地有所差异，就以此菜肴为例，如果编入烟熏类，比较片面，因为其制作包含多种手法，熏只是其中的一种，它还有炸这个工序。当然这些都是内部编排的问题，对食客毫无影响。最有趣的是，如果两个菜都拥有同一菜名，却存在不同的烹法，又同时竞争于同一间食府，那就矛盾多多了。

（1）**用料** 龙岗鸡1只（约900g）。

（2）**熏料** 精盐15g，味粉5g，鸡粉5g，花椒（川椒）3g，脆皮鸡糖浆50g，茉莉花茶叶50g，香樟树叶50g，木糠250g，柏树叶250g。

（3）**脆皮糖浆配方** 白醋500g，大红浙醋500g，麦芽糖（饴糖）250g。

（4）**佐料** 甜面酱适量。

（5）**制作方法**

1）腌制：将龙岗鸡洗好去爪后，调入精盐、味粉、鸡粉和花椒（川椒）拌匀，腌约2h，再将腌料中的花椒（川椒）填入鸡肚内，用鸭尾针缝好口，然后将鸡放入开水中迅速拖过，以收紧鸡皮，再用清水洗净鸡皮，涂上用白醋、大红浙醋和麦芽糖（饴糖）开好的糖浆，用烧鸡环钩起，吊挂在通风处晾干表皮。

2）熏烤：待鸡皮晾干后，将其挂入还保持中慢火的烧烤炉中，用茉莉花茶叶、香樟树叶、木糠和柏树叶封在炭火之上，微开炉盖，先烟熏约15min，再用中慢火将鸡烧熟，以脚筋刚断为度，取出备用。

3）淋油：待龙岗鸡熏烤至熟、晾凉和上菜时，将其挂在油锅之上，用热油逐勺逐勺地将鸡表皮淋至呈金红色，中途应用鸭尾针刺插鼓胀的地方，以令鸡皮服帖和脆化。

（6）**风味特点** 同“烟鸡”。

（7）**制作要点** 同“烟鸡”。

十二、普宁豆酱鸡

普宁豆酱是普宁乃至潮汕地区特色的用蚕豆酿成的汁酱，是中国豆瓣酱类型的重要组成之一，它色泽金黄，味道鲜香，深受人们喜爱。至于此款鸡馔，在分类上也曾产生争议，一说应归纳为焗法，理由是它接近新派粤菜的新解，即利用密封的热力将原料至熟；二说应归纳于熏，理由是其味有受烟香之熏，而且做法较接近传统烟熏的手法。为免读者对焗法的混淆和对其做法有更好的延缓性，故此类编入烟熏章。

（1）**用料** 清远鸡1只（约750g）。

（2）**调料** 普宁豆酱350g，幼砂糖10g，味粉5g，鸡粉5g，美极鲜酱油50g，绍兴花雕酒25g，芝麻酱15g，姜片15g，葱段15g，香菜段20g，淡二汤300g，肥猪肉100g。

（3）**佐料** 普宁豆酱适量。

（4）**制作方法**

1）腌制：将普宁豆酱放入果汁机绞成软滑的豆酱，调入幼砂糖、味粉、鸡粉、美极鲜酱油、绍兴花雕酒和芝麻酱配成腌汁，将洗净的清远鸡放入腌汁中涂匀，腌约25min。

2）熏焗：待清远鸡腌透后，另将大瓦（煲）烧热，放入切成的肥猪肉，发出响声后，加入姜片、葱段和香菜段，然后将鸡放在料头面，盖上（煲）盖，转慢火，逐勺逐勺地沿盖边烹入淡二汤，利用急速的蒸气将鸡熏焗至熟，用时大概为15min，以竹签刺入胸肉流出清水为度。

（5）**风味特点** 同“烟鸡”。

（6）**制作要点** 同“烟鸡”。

十三、茶皇太爷鸡

典故：茶皇太爷鸡

茶皇太爷鸡始创于清末广东人周桂山之手。此人曾任清朝县官，辛亥革命丢官之后，在广州经营熟食档，选用广东的信丰鸡制作熏鸡出售，因肉嫩味香，制作独特，深受食家赞赏，经营不久，便名冠省城。此鸡起初称为广东熏鸡，后来人们知道烹鸡者原是位旧县太爷，因而改称为太爷鸡，也成为粤式的烟熏菜的代表作，后来广东省、香港、澳门地区的粤菜食府及食摊都纷纷仿效。此菜在“文革”时期曾一度中断供应，1981年周桂山的曾外孙高德良在广州旺地重新复业后，使这一传统名菜得以重见天日，受到了广州及港澳地区食客的欢迎。

（1）**原料** 信丰鸡1只。

（2）**浸料** 精卤水2500g，香片茶叶100g，红糖150g，幼砂糖50g。

（3）**佐料** 姜葱茸适量。

（4）**制作方法**

1）熬卤水：先用淡二汤加入火腿骨、大骨、老鸡、瑶柱慢火熬浓汤；待熬至浓汤得5000g时，用滤网滤去汤渣；然后放入用汤料袋包裹好的卤水药材和用另一个汤料袋包裹好的红谷米，以及调入生抽、桂花糖和白酱油，同时加入用生抽爆香爆透的姜葱；再慢火滚熬约30min便可使用。

2）卤浸：信丰鸡洗好去脏后，左手提鸡颈，右手提鸡髀（腿），将鸡放入以菊花心为度的精卤水中，吊提多次，以令鸡身内外受热均匀，此时才将鸡压入卤水中，熄火浸约15min即可。

3）烟熏：待信丰鸡用精卤水浸熟后，另中火慢起锅，落香片茶叶和幼砂糖炒香，并逐勺加入红糖，边炒边加，直至有黄烟起，迅速架入离锅底一个拳头位高的井字竹架，将鸡放在竹架上，盖上盖，熄火烟熏约5min即可。

（5）风味特点 同“烟鸡”。

（6）制作要点 同“烟鸡”。

十四、茶香焗乳鸽

（1）主料 肥嫩乳鸽2只。

（2）调料 精卤水5000g，水仙茶叶150g，黄糖粉150g，食用油50g。

（3）制作方法

1）猛火将卤水烧沸，放入乳鸽慢火浸至熟。

2）猛锅阴油，放入茶叶，慢火炒至有微香味，随即加入黄糖粉略炒至起黄烟。排好支架，放入乳鸽，加盖。

3）加温至锅边冒出浓烟，端离火炉焗5min，取出。

4）将乳鸽放在砧板上斩件，装盘，另用两小碗盛上卤水汁作为佐料。

（4）风味特点 色泽枣红，表面光润，肉嫩骨软味醇，有茶叶的清香味。

（5）制作要点

1）浸乳鸽时火候不宜太猛，卤水保持微沸将原料浸熟。

2）炒茶叶时要用慢火，炒至微香才放黄糖粉，避免原料变焦。

十五、玫瑰蔗香鸡

（1）主料 光鸡1只（约750g）。

（2）调料 精盐10g，味粉5g，幼砂糖2g，生抽25g，玫瑰露酒35g，玫瑰糖10g，黄糖粉25g，上汤50g，姜片1片，葱条2条，八角1粒，竹蔗碎屑1500g，玫瑰花1朵，食用油500g。

（3）制作方法

1）将光鸡洗净，吊干水分，用玫瑰露酒、精盐、味粉、生抽擦匀鸡身内外，将姜片、葱条、八角放入鸡膛内。用盘盛着放入蒸柜（或蒸笼）内，使用中火蒸约10min至仅熟，取出。

2）猛锅阴油，放入竹蔗碎屑，炒至起白烟，撒上黄糖粉、玫瑰糖，炒匀。将鸡放于蔗面，加盖，用慢火加热。

3）熏制10min，取出。

4）将鸡放在砧板上，去掉姜片、葱条、八角，斩件装盘，砌回鸡形。

5）猛锅阴油，加入上汤，烹入玫瑰露酒，调入精盐、味粉、幼砂糖、生抽，煮溶后，淋于鸡上，用玫瑰花瓣围边装饰。

（4）风味特点　肉质嫩滑鲜美，香醇馥郁。

（5）制作要点

1）光鸡要洗净，吊干水分，减少鸡肉中的水分，使之易于入味。

2）竹蔗要砍碎，炒时易出味，再加入玫瑰糖和黄糖粉，用慢火熏制，使原料容易吸入，香甜美味。

十六、港式盐焗鸡

（1）原料　光仔鸡1只（约900g）。

（2）香料　洋葱30g，生姜2片，肉葱200g，八角2粒，干葱头2粒。

（3）调料

①盐粉20g，鸡粉10g，砂姜粉10g。

②生抽10g，老抽5g，麻油5g，绍酒10g。

③盐焗鸡酱75g。

（4）制作方法

1）光鸡挖去油膏、肺、喉、嗉囊，清洗干净，沥干水分，将调料①混合，在光鸡内外涂匀，腌制约20min后将光鸡钩起，晾约20min。

2）将调料②调匀，在光鸡全身涂匀，腌制20min，再将八角、干葱放入鸡腔内。

3）取焗炉盆，以洋葱、姜片、肉葱垫底，放入光鸡（鸡胸向上）。将焗炉加热后转中大火，放入光鸡焗约15min，取出，将光鸡翻转身，鸡背向上再入炉焗约10min即可。稍凉，斩件装盘造型，用盐焗鸡酱伴食。

（5）风味特点　皮脆甘香，肉嫩滑。

（6）制作要点

1）在将调料②涂匀鸡身后，延长风干时间，可达到皮脆的效果。

2）进食时可拌以姜葱茸。

复习思考题

1. 简述熏焗制作工艺的要点。
2. 简述熏焗品种的风味特点。
3. 尝试创新5款熏焗品种。

第六章　广式腊味品种制作

广东素有“秋风起，食腊味”之说。广式腊味选料上乘，品种繁多，工艺精湛，肉质甘香，颜色晶莹剔透，让人垂涎三尺，食欲大增。广式腊味以其独特的风味闻名遐迩，畅销全国及东南亚。

广式腊肠的发源地是中山市黄圃镇，据《黄圃志》记载，制作腊肠的鼻祖是黄圃一家卖粥档主，名叫王洪（人称老洪先生）。光绪十二年（1886年）一个冬季很冷的日子，下着微雨，路上行人稀少。王洪备好制粥的材料（猪肉片、猪肝、猪粉肠等），因无人光顾卖不出去，遂以酱油、盐、糖腌制起来。谁料连日阴雨不晴，王洪郁闷之余，试着将小肠掰衣，将腌肉切成粒状塞进肠衣里，用水草分截绑好，待天晴后，经过数天的日晒风吹，吃起来竟别有风味。后来，王洪如法炮制并设档出售，购者日众，久之竟远近闻名，供不应求。因其是以猪肉辅以肠衣制成，形如猪肠，故名为腊肠。后来黄圃人争相仿制，沿袭至今。

广式烧卤过去分为烧味类、卤味类、腊味类以及其他制品类。随着社会分工的细化和发展，腊味类早已从餐厅经营中剥离，成为专业化、标准化、机械化生产的食品工业产品。但是，由于广式腊味在广东早已家喻户晓，并深深地埋下了饮食情结。因此，每到农历十二月，许多家庭主妇都会自己制作一些腊味，放到过春节时再拿出来跟亲朋好友分享。

广式腊味的食用方法多种多样，随人所好。既可以信手蒸熟作方便菜肴，也可以配以蔬菜瓜果炒食；既可以作拼盘原料，还可以作为包点馅料，而腊味煲仔饭则更是奇妙之作。

一、腊肠（北风有阳光）

（1）**原料** 瘦肉350g，肥肉150g（即按每500g肉计）。

（2）**腌料** 精盐8g，幼砂糖50g，生抽60g，玫瑰露酒（或汾酒）20g。

二、腊肠（平日常温）

（1）**原料** 瘦肉350g，肥肉150g（即按每500g肉计）。

（2）**腌料** 精盐15g，幼砂糖50g，生抽40g，玫瑰露酒（或汾酒）20g。

三、腊肠（阴雨南风撞北风）

（1）**原料** 瘦肉350g，肥肉150g（即按每500g肉计）。

（2）**腌料** 精盐17g，幼砂糖60g，生抽35g，玫瑰露酒（或汾酒）20g。

（3）**说明**

1）每50kg肉粒加清水5kg，连水共55kg。把肉料加水后的重量作为肉料的重量按上述比例计算腌料的用量。

2）每500g肉粒需用本地干肠衣110g。

3）每500g的肉瘦肥比例是7∶3。

4）火柜温度60～100℃，柜顶要有一间格通风，火柜内温度以伸手入柜感觉有微微暖气为度，柜内的火盆生火后要在中央留一小方寸口，其余四周要用炉灰盖住炭火。

5）日间每隔4h转换竹竿的位置一次，以变换腊肠受阳光位置。

6）下午6时把腊肠入火柜后，每隔3h转换竹竿的位置一次，以变换受热位置。并调拨火盆使火候正常，以保持适当的温度。

（4）**制作方法**

1）把肥肉切成粒状如黄豆大小，用温水洗过，再用冷水冲冻，用密篱滤干水分。

2）把瘦肉去筋，去骨碎，取其中一半切成粒状如黄豆大小，另一半用绞肉机绞碎。

3）把腌料用适量清水搅匀，先下肥肉轻拌，再下瘦肉轻轻搅拌（不宜多搅，否则会起胶封闭针孔而导致腊肠容易变质）。

4）把肠衣用温水浸湿，然后在肠衣一端套上漏斗，先用清水灌入肠衣洗过，挤出水分，再灌入肉馅，灌满肉馅后把尾部的肉馅捏出少许，在肠的两端打好结。

5）用针锤排在腊肠四周刺孔，针孔要均匀。

6）量度（腊肠的长短以均匀为好）、扎草（按每度扎草）、上绳圈（每格1条上绳圈以挂起用）。

7）先用温水冲洗腊肠外表，后用冷水冲冻，用绳圈一端套上竹竿上棚晒焙。

8）晒、入火柜及火柜温度按上述说明操作。

9）腊肠第一天入火柜要放在最底层，离火位约33cm高，以后逐日升高一格，晒与焙4～5天，瘦肉部分以硬为度，便可食用。

（5）风味特点　肉质甘香微带甜，色泽红润透明。

四、广东腊肉

（1）原料　去皮五花肉5000g。

（2）腌料　精盐125g，幼砂糖300g，汾酒100g，生抽200g，珠油50g，食用硝盐15g。

（3）制作方法

1）五花肉先用温水洗净，再用冷水冲过，晾干水分。

2）把盐、糖、酒、生抽、硝盐等拌匀，将五花肉腌制4h。

3）在每块五花肉条头开一小孔，用细绳穿上，然后用珠油给五花肉上色。

4）将五花肉经细绳穿于竹竿上，白天晒于日光下，晚上把腊肉放入火柜（火柜温度60～70℃）。

5）经过日晒与入火柜3～4次，瘦肉部分发硬便成腊肉。

（4）风味特点　味甘香，色泽金黄透明，肥瘦均匀。

（5）制作要点

1）五花肉要选用肥瘦均匀的。

2）用珠油给五花肉上色不能过久，否则会使腊肉色暗。

3）若天气不够晴朗或没太阳，可以用火柜慢火烘焙。

五、腊金银润（腊猪肝肉）

（1）原料 新鲜猪肝500g，肥猪肉500g。

（2）腌料

①精盐15g，生抽10g，汾酒15g，幼砂糖25g，姜汁10g（用于腌猪肝）。

②精盐75g，汾酒15g，幼砂糖40g（用于腌肥肉）。

（3）制作方法

1）肥肉用腌料②腌制约3h，备用。

2）猪肝去筋络，切成条状，每条宽3cm、长15cm、厚1cm、用精盐10g腌制2h后，用热水漂洗其胶质，晾干水分。

3）用腌料①腌制猪肝1h，用绳穿好猪肝晾晒至半干（如遇雨天可用慢火烘焙）。再用金银润刀把每条猪肝的中央长穿一洞（像袋形），然后把腌制过的肥肉按猪肝洞的大小切成条状，酿进猪肝洞内。

4）把酿入肥肉的一端穿上绳圈，上竹竿后置太阳底下曝晒数天，晚上则入火柜烘焙，4～5天即可。

（4）风味特点 肉质甘香、润化，肥肉半透明，用于拼盘造型颇佳。

（5）制作要点

1）猪肝用刀穿洞时要小心，不要弄穿外壁，否则会影响美观。

2）入火柜焙猪肝时，应离火位高些，若离火位太近，猪肝会变黄且硬而不化。

六、腊鸡

（1）原料 光鸡1只（约1000g）。

（2）腌料 盐粉10g，玫瑰露酒8g，姜汁5g，花椒3g，食用硝盐少许。

（3）制作方法

1）把鸡洗净，去脚、去内脏，然后用刀把鸡身压平。

2）用盐粉擦匀鸡只全身，把花椒、姜汁、玫瑰露酒和食用硝盐调匀，在鸡肚内擦匀。

3）将腌制好的鸡放入大盆中，用大砧板压两天，取出放在有阳光的地方曝晒4～5天即可。

（4）风味特点 腊味香浓，皮脆肉甘，佐饭下酒俱佳。

（5）制作要点

1）一定要将鸡身压平才能腌制入味且均匀。

2）玫瑰露酒不能放太多，否则会抢味。

七、腊鸭肾（陈肾）

（1）原料　新鲜鸭肾50个。

（2）腌料　精盐200g，食用硝盐10g，玫瑰露酒15g，花椒5g。

（3）制作方法

1）先将鸭肾用刀切开，取出鸭肾内硬皮，洗净备用。

2）将鸭肾放入大盆中，加入腌料腌制两天，取出，用绳子穿上，在日光下挂晒4～5天即可。

（4）风味特点　甘香味浓，口感爽脆。

（5）制作要点

1）可储藏于铁罐中随时取用。保管得好，越陈旧越美味。

2）加西洋菜煲汤，可起到清新润肺之功效。

八、腊鸭肝

（1）原料　新鲜鸭肝500g。

（2）腌料　精盐75g，汾酒15g，幼砂糖40g，生抽10g，珠油5g，姜汁10g。

（3）制作方法

1）腌料拌匀后将鸭肝腌制4h，然后把鸭肝铺在密竹筛上。

2）将筛中鸭肝置太阳底下摊晒，每隔3h翻转再晒，晚上入火柜烘焙，至鸭肝干爽即可。

（4）风味特点　甘香浓化开胃，可佐茶饭下酒菜。

（5）制作要点

1）选用厚实的鸭肝腊制。

2）一定要摊晒才能均匀入味。

九、腊鸭脚扎

（1）原料　腊鸭脚10只（约400g），肥猪肉250g，鲜鸭肠10条，腊鸭肝50g。

（2）腌料　精盐15g，幼砂糖30g，汾酒10g。

（3）制作方法

1）把肥猪肉切成10条长约4cm的条，用精盐5g、幼砂糖10g、汾酒5g腌制1h。

2）把鸭肠通开，用精盐揉搓洗去污物。用腌制肥肉剩余的精盐、幼砂糖、汾酒腌制鸭肠1h，然后用竹子一条条排开，上棚，晒至干爽后取下。

3）将腊鸭肝切成10条，分别放入腊鸭脚中；再把鸭肠的内壁向外，按次序用鸭肠捆扎鸭脚，最后把鸭肠尾收好即可。

4）把鸭脚扎放入腌料中腌制2h，然后装入竹筛上棚摊晒，晒3h翻转再晒，晚上入火柜烘焙至干爽即可。

（4）风味特点 味甘香，有咬劲。

（5）制作要点 捆扎时要扎紧。

十、腊鲮鱼

（1）原料 鲮鱼6条（每条约750g），细麻绳6条，砂纸6张。

（2）腌料

①磨豉酱6汤匙，生姜（剁茸）2汤匙，幼砂糖2汤匙，大青蒜（切茸）2条，胡椒粉少许。

②精盐3汤匙。

（3）制作方法

1）把鱼打鳞、去腮、开肚，取出内脏，并在其两侧各割一刀，洗净，用盐3汤匙腌制均匀，再用重物压一晚，备用。

2）将腌料①于大碗中搅匀为酱料，备用。

3）把腌制过一夜后的鱼用清水冲洗净，抹干水分，用酱料把每条鲮鱼内外涂匀。

4）涂匀酱料后，用绳子分别穿上鱼头，挂在太阳底下晒一天，待酱干时，则分别用砂纸把鱼封包，再把鱼放在太阳底下晒3～4天即可。

（4）风味特点 甘香、味鲜、肉脆，用于清蒸风味更独特。

（5）制作要点

1）用重物压鱼身可以使其入味均匀。

2）用砂纸封包着鱼晒制是防止酱料干身，影响口感。

复习思考题

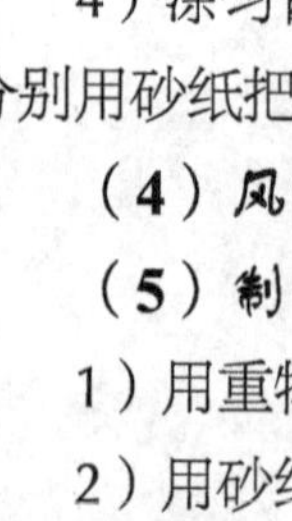

1. 广式腊味的特点是什么？
2. 举例说明广式腊味在烹调中的广泛使用。
3. 尝试创新5款广式腊味品种。

附 录

附录A　粤港烧腊专业术语解释

一、常用烹饪术语

（1）手摝　“摝”是摇、转动的意思；手摝即是用手转动。例如，在明炉烧乳猪或烧鹅、烧鸡时的转动动作。

（2）飞水　就是将生的原料放在热水中略烫后捞起，其目的是去掉原料的血污、杂质或异味，使之干净卫生。飞水不用考虑原料的熟度。例如，卤制一些肉制品之前原料都需经过“飞水”处理。

（3）憋水　即漂水，广东人叫啤（bie）水，就是将经过“飞水”或腌制的原料放在盆里用流动的清水冲洗、翻动、浸漂，其目的是冲去食材加工后的异味、杂质。例如，白云猪手煮熟后的漂水就叫“憋水”。

（4）过冷河　也叫过冷水或过冷，就是把经过加热的原料放在冷水里漂凉，使食物冷缩而达到爽口的效果，也可以使食物保持鲜明的颜色。

（5）虾眼水　也叫菊花心，即是先将水烧沸，然后调至小火，使水温保持在90℃左右，水面冒小泡不大沸，呈虾眼状或菊花心状。一般用来浸白切鸡、白云猪手等难熟怕烂的食材。

（6）上糖水　即上脆皮糖水，也叫上皮水、上糖皮。就是将调配好的各种脆皮糖水均匀地涂在准备烧烤的原料表皮上，然后经风干后烤制，以达到皮脆、色泽均匀、鲜亮的目的。如上乳猪糖水、烧鹅糖水、脆皮鸡水等。

（7）挂壳　使用专门的用具（包括挂钩、竹木条、竹筒等），将准备烧烤的原料整形、吊挂、风干，使其在烧烤过程中容易达到上色均匀的效果。如烤全体乳猪、琵琶鸡、琵琶鸭、烤鸡翅、烧鹅等。

（8）够身　就是原料经煮、浸、炸或烤后达到一定的熟度。

（9）焙　就是把原料放入烤炉里，不加盖，用小火加热到一定程度。一般是用此法将原料烘干身，以便烧烤过程容易达到色泽、熟度均匀的效果。如焙乳猪，焙鹅、鸭、鸡等。

（10）渌皮　即烫水。就是用沸水烫原料（或半成品）至肉料表皮收紧而有弹性，自白转淡黄色。

（11）氽水　指将食物放到沸水里稍微煮一下。本书具体指的是在沸水（或沸卤水）里放入鸡、鸭等，让其内腔注满热水再倒出。

（12）掟水　将食材浸入水中，随即提起，食材入水时间极短。

（13）火鸡　把肉料烧焦的部分用剪刀剪去，如蜜汁叉烧、蜜汁鸡翼等。

（14）去油衣　宰杀好的禽鸟原料，有些部位的表皮会留有一层薄薄的、泛白的油衣，特别是颈皮、大腿侧、翼底等位置，在经过“烫水”工序后，油衣会尤为明显，去油衣的目的是使食品在加工后色泽均匀一致，否则会大打折扣。

（15）低柜　在珠三角饮食行业，习惯把售卖烧腊、卤味熟食制品的专用操作室（类似现在的“明档”）称为“低柜”。通常低柜都设于食肆中客流畅旺的显眼处。低柜外观的下半部分多为密封，上半部分为玻璃间隔，内有层架用于悬挂烧、卤成品，工作人员在内操作，进行销售。而客人透过玻璃，可对低柜内陈设的食品一目了然，构成一种透明度高、选择性强、明码实价的现场买卖关系。低柜的叫法由来已久，为何称作低柜？在行业里说法不一，据说是有别于旧时“当铺”交易柜台。也有一说是指低柜所售卖的烧、卤食品的毛利核算低于厨房部的菜肴和点心部的茶点。两种说法谁更准确，至今尚无定论，大家亦无须计较。

二、常用食材称谓

1）老鸡乸（nǎ）：指老母鸡。
2）鸡项：指未下蛋的小母鸡。
3）洗鸡：指阉割过的公鸡。
4）猪手：指猪的前脚。
5）肉眼：指猪里脊肉。
6）唐芹：指本土芹菜，有别于西芹。
7）车厘子：指樱桃，有红、绿两种颜色。
8）士多啤梨：指草莓。
9）甘笋：指红萝卜。
10）味菜：指腌咸菜，即酸菜。
11）菜莆：指腌白萝卜干。
12）芫荽：就是香菜，也叫芫茜。
13）蒜肉：指剥去皮和衣的整颗蒜头，也叫蒜子。
14）姜旧：就是将去皮的整块生姜用刀拍烂。一般用来调卤水用。
15）鸡亦：也叫鸡翼，就是鸡翅膀，如蜜汁烧鸡亦。
16）脷：即舌头，如卤水猪脷、卤水鸭脷等。
17）鸡壳：指去皮肉的鸡骨架子，常用来煲汤底用。
18）红葱头：指干葱头。
19）凤爪：是鸡脚的形容词。
20）鹅（鸭）掌：即鹅（鸭）的爪子。

附录B　中式烧腊师职业标准（试行）

（广东省劳动和社会保障厅2002年9月4日颁发）

一、职业概况

1. 职业名称

中式烧腊师。

2. 职业定义

运用烧、烤、卤、熏、浸、腊、拌等多种烹调技法，根据成菜要求，对烧腊原料、辅料、调料进行加工，制作中式烧腊的人员。

3. 职业等级

本职业共设四个等级，分别为：烧腊师（国家职业资格四级）、高级烧腊师（国家职业资格三级）、烧腊技师（国家职业资格二级）、烧腊高级技师（国家职业资格一级）。

4. 职业环境

室内、常温。

5. 职业能力特征

手指、手臂灵活，色、味、嗅等感官灵敏，形体感强。

6. 基本文化程度

初中毕业。

7. 培训要求

（1）**培训期限** 全日制职业学校教育，根据其培养目标和教学计划确定。晋级培训期限：烧腊师不少于350标准学时；高级不少于250标准学时；技师不少于150标准学时；高级技师不少于100标准学时。

（2）**培训教师** 培训中级人员的教师必须具备本职业高级以上职业资格；培训高级人员、技师的教师必须具备相关专业讲师以上专业技术资格或本职业高级技师职业资格；培训高级技师的教师必须具备相关专业高级讲师（副教授）以上专业技术资格或其他相关职业资格。

（3）**培训场地设备** 满足教学需要的标准教室。操作间设备、设施齐全，布局合理，燃料、冷藏、冷冻等设备符合国家安全、卫生标准。

8. 鉴定要求

（1）**鉴定对象** 从事或准备从事本职业的人员。

（2）**申报条件**

1）烧腊师（取得初级中式烹调师后，具备以下条件之一者）：

①连续从事本职业工作3年以上，经本职业中级正规培训达规定标准学时数，且取得毕（结）业证书。

②连续从事本职业工作5年以上。

③取得经劳动和社会保障行政部门审核认定的，以中级技能为培养目标的中

等以上职业学校本职业毕业证书。

2）高级（具备以下条件之一者）：

①取得本职业中级职业资格证书或取得中式烹调师中级职业资格证书后，连续从事本职业工作4年以上，经本职业高级正规培训达规定标准学时数，并取得毕（结）业证书。

②取得本职业中级职业资格证书后，连续从事本职业工作7年以上。

③取得本职业中级职业资格证书的大专以上毕业生，连续从事本职业工作2年以上。

④取得高级技工学校或经劳动和社会保障行政部门审核认定，以高级技能为培养目标的职业学校本职业毕业证书。

3）技师（具备以下条件之一者）：

①取得本职业高级职业资格证书后，连续从事本职业工作3年以上，经本职业技师正规培训规定标准学时数，并取得毕（结）业证书。

②取得本职业高级职业资格证书后，连续从事本职业工作5年以上。

③取得本职业高级职业资格证书的高级技工学校毕业生，连续从事本职业工作满3年。

4）高级技师（具备以下条件之一者）：

①取得本职业技师职业资格证书或取得中式烹调师技师职业资格证书后，连续从事本职业工作3年以上，经本职业高级技师正规职业培训达规定标准学时数，并取得毕（结）业证书。

②取得本职业技师职业资格证书后，连续从事本职业工作5年以上。

（3）鉴定方式 分为理论知识考试（笔试）和技能操作考核。理论知识考试采用笔试方式，满分为100分，60分及以上为合格。理论知识考试合格者参加技能操作考核。技能操作考核采用现场实际操作方式进行，技能操作考核分项打分，满分100分，60分及以上为合格。技师、高级技师考核还须进行综合评审和论文撰写及答辩。

（4）考评人员与考生配比 理论知识考试每个标准考场每30名考生配备2名监考人员；技能操作考核每5名考生配备1名监考人员；成品鉴定配备3～5名考评员进行菜品鉴定、打分。

（5）鉴定时间 理论知识考试为90min。技能操作考核：烧腊师、高级烧腊师为240min，技师、高级技师为300min。

（6）鉴定场所设备　理论知识考试在标准教室里进行。

技能操作考核场所要求炊用具、灶具齐全，卫生、安全符合国家规定标准。烧腊操作间符合鉴定要求。

二、基本要求

1. 职业道德

（1）职业道德基本知识

（2）职业守则

1）忠于职守，爱岗敬业。

2）讲究质量，注重信誉。

3）尊师爱徒，团结协作。

4）积极进取，开拓创新。

5）遵纪守法，讲究公德。

2. 基础知识

（1）饮食卫生知识

1）食品污染。

2）食物中毒。

3）各类烧腊原料的卫生。

4）烧腊工艺卫生。

5）饮食卫生要求。

6）食品卫生法规及卫生管理制度。

（2）饮食营养知识

1）人体必需的营养素和热能。

2）各类烧腊原料的营养。

3）营养平衡和科学膳食。

4）中国宝塔形食物结构。

（3）饮食成本核算知识

1）饮食业的成本概念。

2）出材率的基本知识。

3）净料成本的计算。

4）成品成本的计算。

（4）安全生产知识

1）烧腊房安全操作知识。

2）安全用电知识。

3）防火防爆安全知识。

4）手动工具与机械设备的安全使用知识。

三、工作要求

本标准对中级、高级、技师、高级技师的技能要求依次递进，高级别包括低级别的要求。

参考文献

[1] 魏巍，张仁庆 . 中国烧烤 [M]. 北京：中华工商联合出版社，2003.

[2] 陈照炎，赵丕扬，胡烈夫 . 厨师及烧腊师手册 [M]. 上海：世界图书出版公司，2004.

[3] 欧阳甫中 . 烧烤食品大全 [M]. 广州：广州出版社，2005.

[4] 潘英俊 . 粤厨宝典：味部篇 [M]. 广州：岭南美术出版社，2009.

[5] 蔡连敬 . 烧烤・腊味・卤熏大全 [M]. 广州：广州出版社，2006.

[6] 冯秋，黄嘉东，关志敏 . 广东烧卤 [M]. 广州：广东科技出版社，2007.

[7] 梁冠，岑柏 . 广式烧腊・杜侯菜谱 [M]. 广州：广东科技出版社，2009.

[8] 曾韶东 . 烧腊・卤味大全 [M]. 广州：广东经济出版社，2009.

[9] 王鼎 . 烧烤・熏卤・腊味 [M]. 广州：广东人民出版社，2011.